REGRESIÓN LOGÍSTICA

LUIS CARLOS SILVA AYÇAGUER
ISABEL MARÍA BARROSO UTRA

REGRESIÓN LOGÍSTICA

editorial
LA MURALLA, S.A.

HESPÉRIDES

CUADERNOS DE ESTADÍSTICA
Dirección: Ramón Ardanuy Albajar
Juan Etxeberria Murgiondo
Gregorio Rodríguez Gómez
Francisco J. Tejedor Tejedor

ISBN: 84-7133-738-X
Depósito Legal: M. 563-2004
Printed in Spain - Impreso por Ibérica Grafic, S. A. (Madrid)

ÍNDICE

V
OTROS ASPECTOS RELACIONADOS CON LA INTERPRETACIÓN DE LOS PARÁMETROS

VI
TEMAS AVANZADOS EN LA REGRESIÓN LOGÍSTICA

PRESENTACIÓN

Entre los propósitos de la investigación científica se halla el establecimiento de las leyes que rigen los fenómenos que se examinan. Tal examen se realiza típicamente en un marco complejo, donde la coexistencia de factores mutuamente relacionados determina el comportamiento de otros. Para sondear, o incluso desentrañar, la naturaleza de dichas relaciones el investigador puede auxiliarse, entre otras alternativas, del análisis de regresión. La regresión logística (RL) forma parte del conjunto de métodos estadísticos que caen bajo tal denominación y es la variante que corresponde al caso en que se valora la contribución de diferentes factores en la ocurrencia de un evento simple.

La RL es una de las técnicas estadístico-inferenciales más empleadas en la producción científica contemporánea. Surge en la década del 60 con la aparición de un trabajo sobre el riesgo de padecer una enfermedad coronaria debido a Cornfield, Gordon y Smith (1961), que contenía la primera aplicación práctica trascendente. El algoritmo de Walker-Duncan (1967) para la obtención de los estimadores de máxima verosimilitud fue un paso crucial para poder confeccionar programas de acceso universal, los cuales confluían con el comienzo de la era de las computadoras personales. Tal escenario fue especialmente propicio para el desarrollo de un recurso tan versátil como la RL.

De su amplio y creciente empleo han dado cuenta varias revisiones: por ejemplo, Hosmer, Taber y Lemeshow (1991) plantean que, de los 579 artículos publicados en el *American Journal of Public Health* entre 1985 y 1989, 113 (el 20%) usaron esta técnica, y Silva, Pérez y Cuéllar (1995) consignan que esta fue la técnica estadística más usada entre los 1045 artículos publicados por *American Journal of Epidemiology* entre 1986 y 1990. Levy y Stolte (2000) llevaron a cabo un estudio para caracterizar la tendencia en el uso de métodos estadísticos surgidos recientemente (entre los 60 y los 70) y que, además, hubiesen tenido un impacto considerable en el análisis de datos biomédicos: regresión logística, regresión proporcional de Cox y métodos para el análisis de muestras complejas, en las dos mismas revistas de alto impacto en Salud: *American Journal of Public Health* y *American Journal of Epidemiology*. Los resultados ponen de manifiesto que la tendencia en el uso de la RL fue creciente en ambas revistas. El porcentaje de artículos publicados en la década de los 70 que hicieron uso de este recurso fue 0,7%; ya en los 80, ascendió espectacularmente a 17,0% y, a lo largo de la década de los 90 apareció en el 28,1% de los artículos. Tal tendencia contrasta, por ejemplo, con la que exhibe el uso de la regresión lineal múltiple, la cual es solo ligeramente creciente (el empleo de esta modalidad se produce, por otra parte, en menos del 15% de los trabajos publicados en la década de los 90).

En MEDLINE, base de datos que contiene referencias bibliografías y resúmenes de 4500 revistas biomédicas de la literatura de habla inglesa, se encontró que 3394 resúmenes publicados entre el 1 de enero y el 31 de diciembre de 1997 hacían mención al término *logistic regression*. En 1998 y 1999, tal alusión se produjo en 3654 y 3972 respectivamente. Ya en los artículos publicados durante el 2000 se usó la RL en 4397 y el número ascendió a 5218 a lo largo del año 2001.

La presente monografía procura dar un panorama general sobre algunas de las diversas posibilidades que ofrece este método estadístico, los fundamentos en que reposa y las técnicas asociadas a su uso práctico. Cabe advertir que los procedimientos se ilustran predominantemente usando ejemplos y problemas relacionados con la salud pública y la epidemiología. Se ha optado por este recurso debido a la importancia de tales aplicaciones, aunque teniendo en cuenta que la mayoría de las ideas desarrolladas en este contexto son fácilmente extensibles a otras áreas (ciencias sociales, psicología, etc.). Procede advertir, asimismo, que algunos segmentos y ejemplos del presente trabajo se han inspirado en (o tomado directamente del) libro *Excursión a la regresión logística en ciencias de la salud,* publicado por uno de los autores (LCS) en 1995.

Con estos propósitos en mente, el material se ha estructurado en seis capítulos. En el primero se repasan áreas que resultan esenciales para conseguir una compresión aceptable de los fundamentos y los métodos involucrados en el uso correcto de la RL.

En el segundo se introduce el modelo logístico binario simple y se profundiza en la interpretación genérica de sus parámetros. En el siguiente se extienden estas nociones al marco multivariado. El cuarto capítulo aborda diferentes áreas concernientes a la conformación de modelos, tales como: distintas técnicas para evaluar características que son deseables que cumpla el modelo que se ajusta, estrategias para la evaluación de la bondad del ajuste y la selección de variables. En el quinto se desarrollan diversos conceptos esenciales vinculados a esta técnica y a sus interpretaciones. El sexto se destina a discutir aspectos avanzados dentro de la RL, tales como la regresión logística con respuesta nominal politómica, los modelos de *odds* proporcionales para respuesta ordinal, el modelo de regresión logística condicional, la regresión logística en diseños muéstrales complejos y el tamaño de muestra necesario para el uso de la regresión logística.

I

NOCIONES PRELIMINARES

1.1. Concepto de regresión

Entender las relaciones que subyacen en los problemas prácticos es una de las claves del éxito en las investigaciones empíricas contemporáneas. En el marco biomédico, por ejemplo, resultan típicas preguntas como las siguientes: ¿por qué algunos individuos tienen niveles de tensión arterial más altos que otros? ¿podría la tensión arterial normal ser diferente para una u otra edad? ¿estará determinada de alguna manera por el peso del sujeto o por el consumo diario de sal? En tal caso, ¿cómo interactúan estas dos variables sobre el desarrollo de la hipertensión? Se trata del tipo de interrogantes cuyas respuestas podrían hallarse con la ayuda del *análisis de regresión*, técnica estadística que permite el examen de las relaciones funcionales entre variables. Ocasionalmente, este método se emplea directamente con el objetivo de predecir o estimar el valor de una variable para cierto valor dado de otra (u otras).

Existen diferentes tipos de análisis de regresión, que varían según el número y la naturaleza de las variables involucradas y en dependencia de la función matemática capaz de describir la relación que las vincula.

Si la relación involucra a una sola variable independiente[1] (X), se dice que la regresión es *simple*; si hay varias, entonces se trata de *regresión múltiple*. Por otro lado, si la dependencia funcional de la variable dependiente[2] (Y) respecto de las independientes, es expresable según una línea recta (o, más generalmente, según un hiperplano), la regresión es *lineal*; de lo contrario, es *no lineal* o

---

[1] Se les llaman independientes a las que se encuentran bajo control del investigador; es decir, a aquellas variables cuyos valores son seleccionados por él. A veces se les califica como "explicativas", por su presunta capacidad de "explicar" la variación de otra variable.

[2] Recibe este nombre, en virtud de que sus valores "dependen" de los que tengan las independientes.

curvilínea. De esta manera pueden considerarse diversas combinaciones que permiten que el análisis de regresión sea de una u otra naturaleza.

El modelo de regresión lineal simple es aquel que describe la relación entre dos variables a través de una línea recta. De modo que las variables resultan relacionadas según el patrón sintetizado en el siguiente modelo:

$$Y_i = \alpha + \beta X_i + \varepsilon_i$$

en el cual α y β son los *parámetros*, también llamados *coeficientes de regresión* (α es el *intercepto* y β la *pendiente*). El sumando ε representa el error debido al azar y refleja aquella variabilidad de la variable dependiente atribuible a causas no controladas por el modelo lineal.

En la práctica, este modelo puede no resultar útil por la simple razón de que la mayoría de los fenómenos en estudio involucran a un gran número de factores, que a menudo es menester examinar en conjunto. Por este motivo, la regresión lineal ha sido objeto de una extensión natural: la regresión lineal múltiple.

Este modelo supone que existe una relación lineal entre la variable de respuesta (Y) y *k* variables independientes (X_1, X_2,$\cdots X_k$). El modelo matemático que caracteriza tal relación es el que sigue:

$$Y_i = \alpha + \sum_{j=1}^{k} \beta_j X_{ij} + \varepsilon_i$$

donde los coeficientes representan lo mismo que en el caso simple, salvo que B_j mide el cambio promedio que se produce en Y para un incremento unitario en la j-ésima variable independiente, suponiendo constantes los valores para el resto. Aunque las relaciones lineales pueden caracterizar numerosas situaciones, es posible también encontrar que la variable dependiente dependa curvilineamente de una o más variables independientes. En tal caso, los modelos de regresión no lineales pueden lograr descripciones más adecuadas.

Por otra parte, según la escala de la variable que cuantifica el desenlace, se utilizan diferentes tipos de modelos multivariados. Estos son, básicamente: regresión lineal múltiple (desenlace cuantitativo), regresión logística (desenlace dicotómico o, más generalmente, politómico) y regresión múltiple de Cox (supervivencia como desenlace).

1.2. *ODDS RATIO* Y RIESGO RELATIVO

El *odds* asociado a cierto suceso se define como la razón entre la probabilidad de que dicho suceso ocurra y la probabilidad de que no ocurra; es decir, se trata de un número que expresa cuánto más probable es que se produzca frente a que no se produzca el hecho en cuestión.

Formalmente, si llamamos E a dicho suceso, $P(E)$ a la probabilidad de que ocurra y $\mathrm{O}(E)$ al *odds* que le corresponde, entonces se tiene:

$$\mathrm{O}(E)=\frac{P(E)}{1-P(E)} \qquad [1.1]$$

Si se estima que el 75% de los pacientes que ingresan en un servicio hospitalario de quemados sobreviven, se dice que "el *odds* de que un paciente genérico sobreviva es 3" (ya que $\frac{0,75}{0,25}$). Resulta interesante que éste sea el modo en que suele resumirse tal situación en la cultura sajona (al menos, sin duda, en Estados Unidos), incluso en ambientes no académicos[3]. La información equivalente (el sujeto que ingresa tiene una probabilidad de sobrevivir del 75%) es la que se emplea casi en exclusividad en el mundo latino.

Si un sujeto tuviese la probabilidad de desarrollar una enfermedad coronaria (EC) igual a $P = 0,679$, entonces el *odds* de EC para ese individuo es:

$$\mathrm{O}(E)=\frac{P}{1-P}=\frac{0,679}{0,321}=2,12$$

---

[3] Por ejemplo, se suele hablar de "el *odds* que tiene de ganar un equipo de baloncesto" antes de un juego; con ello se alude a cuántas veces más probable es que gane frente a que pierda.

Por otra parte, conocido el *odds*, se puede deducir la probabilidad. En general, si el *odds* de un suceso asciende a $O(E)$, entonces su probabilidad es:

$$P(E) = \frac{O(E)}{O(E)+1}$$

Por ejemplo, si se nos informa que el *odds* de sobrevivir que tiene un paciente tras un año de operado de cáncer pulmonar es 0,4, esto equivale a decir que la probabilidad de que ese hecho ocurra es $\frac{0{,}4}{1{,}4} = 0{,}285$.

De modo que ambas informaciones son equivalentes y expresan la misma noción: cuantifican cuán probable es que algo ocurra (en particular, cuál es el riesgo de un acontecimiento).

Obviamente, entre la probabilidad del suceso y el *odds* correspondiente hay una clara relación directa. Si aquélla aumenta, éste también lo hace, si $P(E) = 0$, entonces $O(E)$ también es nulo; pero en la medida que $P(E)$ tiende a la unidad, $O(E)$ tiende a infinito. La Figura 1.1 refleja gráficamente la relación existente entre ambas magnitudes.

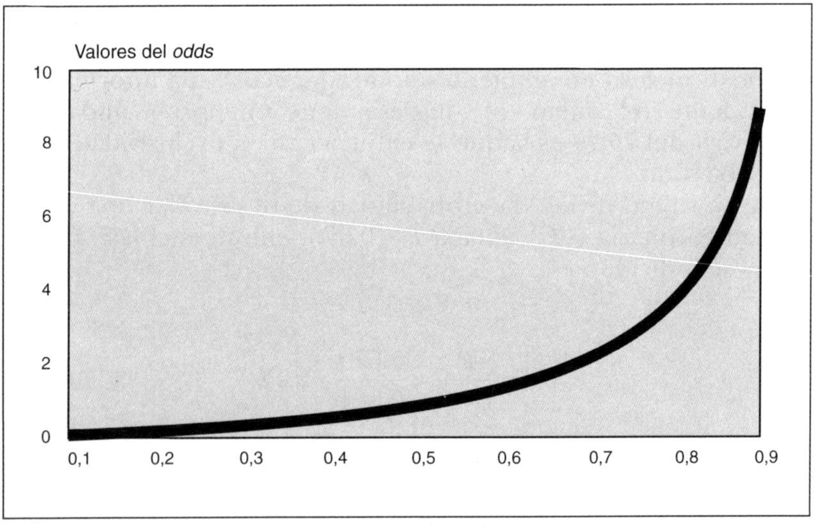

Figura 1.1. *Transformación del espacio probabilístico al de los* odds.

En este punto es menester recordar un concepto cardinal (especialmente relevante en la investigación epidemiológica actual): el *riesgo relativo (RR)*. Supongamos que $P_A(E)$ denota el riesgo de que se produzca la enfermedad E cuando está presente la condición A[4] y que B es otra condición, de manera que $P_B(E)$ denota el riesgo que se corre cuando es ella la que rige. Entonces, la razón:

$$RR = \frac{P_A(E)}{P_B(E)}$$

expresa el *riesgo relativo* de padecer la enfermedad E cuando se está en la condición A respecto de cuando se está en la condición B. Dicho de otro modo: sintetiza cuánto más probable es desarrollar la enfermedad en el primer caso que en el segundo.

Un caso particular de este concepto que resulta de gran interés es aquel en que se analiza cierta enfermedad E[5], la condición A es haber estado expuesto a cierto factor F y la condición B es la complementaria: no haber estado expuesto a él. En tal caso, se dice que RR es el riesgo relativo inherente al factor y queda sobreentendido a qué se refiere.

Ahora bien, si tenemos en cuenta que el *odds* es una manera equivalente (aunque diferente) de expresar la probabilidad de un acontecimiento, del mismo modo que el RR expresa la razón entre dos probabilidades, tiene sentido considerar la razón de dos *odds*.

Así, se define el llamado *odds ratio*[6]: la razón del *odds* corres-

---

[4] Usualmente, éste se mide mediante una tasa de prevalencia o de incidencia, pero en cualquier caso, se trata de algo que puede entenderse como una probabilidad. La condición A puede representar un factor aislado o un complejo de factores.

[5] Puede ser una enfermedad, que es el caso más común, pero también otro acontecimiento tal como no haber sido vacunado contra la tuberculosis, tener un accidente de tránsito o ser portador de un virus. Por mera comodidad, con frecuencia hablaremos de "enfermedad" aunque el concepto es obviamente más amplio.

[6] En este texto se ha decidido no traducir el término *odds ratio.* Dicha decisión se basa en que consideramos que la locución original ha alcanzado difusión tan extendida que ya constituye un referente semántico incorporado para la mayoría de los lectores, y sobre todo en que no se ha considerado óptima ninguna de las alternativas valoradas. Aunque, se han realizado propuestas parcialmente atractivas (por ejemplo, "razón de posibilidades" o "razón de oportunidades"), el tema sigue siendo objeto de controversia. Tanto es así que ha dado lugar, incluso, a varios artículos destinados a ese único asunto: véase Rigau (1990), Porta (1993), Martín

pondiente a un suceso bajo cierta condición entre el *odds* que le corresponde al mismo suceso bajo otra condición. Por esa vía se mide la misma noción, en esencia, que con el *RR*.

Por ejemplo, en lugar de trabajar con el *RR* de cierta dolencia *E* correspondiente a cierto factor *F*, se maneja el *odds ratio (OR)* asociado al factor:

$$OR = \frac{\dfrac{P_F(E)}{1 - P_F(E)}}{\dfrac{P_{\bar{F}}(E)}{1 - P_{\bar{F}}(E)}}$$

donde $\bar{F}$ denota la **no** presencia del (o "no exposición" al) factor *F*.

Por ejemplo, 260 individuos pueden ser categorizados como consumidores de drogas (CD) o no consumidores, y también como mujeres u hombres. Resumiéndolos en forma tabular, los resultados podrían ser:

		Género: Masculino	Género: Femenino	
Consumidores de drogas	Sí	47	23	70
	No	98	92	190
		145	115	260

El *odds* de ser un consumidor de drogas para los hombres se estima mediante el cociente determinado por la proporción de hombres que consumen drogas entre la proporción de los que no la consumen. Usando la fórmula [1.1], tendríamos:

$$O_H(CD) = \frac{47/145}{98/145} = \frac{47}{98} = 0,48$$

(1990), Tapia y Nieto (1993) y Tapia (1997). En nuestro caso preferimos asimilar, en consonancia con algunos de los autores citados, la expresión inglesa.

Un *odds* igual a 1 significaría que existe una relación de 50:50; es decir, que la condición de ser un consumidor de drogas para un hombre es tan probable como la de no serlo. Un *odds* mayor que uno significa que para un hombre es más probable que sea consumidor a que no lo sea y un *odds* menor que 1, como en este caso, indicaría que es más probable que los hombres sean no consumidores a que lo sean.

El *odds* de ser consumidoras de drogas para las mujeres se estima similarmente:

$$O_M(CD) = \frac{23/115}{92/115} = \frac{23}{92} = 0{,}25$$

La asociación entre género y consumo puede ahora ser fácilmente estimada mediante el cálculo de la razón de *odds* (*odds ratio*).

$$OR = \frac{O_H\,(CD)}{O_M\,(CD)} = \frac{47/98}{23/92} = \frac{47 \times 92}{23 \times 98} = 1{,}92$$

A esta estimación se le ha llamado *razón de productos cruzados* (ya que involucra la multiplicación de las celdas opuestas en las diagonales de la tabla de contingencia de 2×2).

Si el sexo no guardara relación con el riesgo de consumir drogas, el *odds* de ser consumidor sería el mismo para ambos sexos, y entonces el *OR* sería igual a 1. Un *OR* mayor que uno, como ocurre en el ejemplo, indica que los hombres tienen mayor (en este caso, aproximadamente dos veces más) "peligro" de ser consumidores de drogas que las mujeres.

Como se verá, el *OR*, como alternativa para cuantificar lo que en otros contextos se intenta medir a través del riesgo relativo, tiene especial atractivo en el marco de la modalidad de análisis de regresión que nos ocupa: la regresión logística.

1.3. Diseños básicos para la investigación empírica

Las investigaciones pueden clasificarse según diferentes ejes (según propósito, según diseño empleado, según discurra desde el punto de vista temporal, etc.). En particular, la investigación empírica puede subdividirse, según la finalidad con que se emprende, en tres tipos básicos: descriptiva, explicativa y predictiva. La investigación descriptiva es la encargada de la caracterización de una población; cuando forma parte de un estudio de alcance explicativo, la indagación descriptiva es la *fase* en que se describe el proceso en estudio. A través de la investigación (o etapa, según el caso) explicativa se procede a la valoración de hipótesis que explican los determinantes de un proceso o la ocurrencia de un fenómeno. Tras la fase observacional o experimental correspondiente, se enjuicia la validez de la hipótesis causal previamente establecida. La investigación predictiva, finalmente, se plantea la conformación de modelos capaces de vaticinar los desenlaces de un proceso en función del estado en que se halla un sistema en determinado momento.

Los dos usos principales de la investigación descriptiva son, por una parte, resumir una situación, resaltando sus rasgos esenciales, y, por otra, actuar como intermediario propiciatorio para la formulación de hipótesis que se inscriban en el esclarecimiento de un mecanismo causal desconocido. Pero, a diferencia de los estudios explicativos, los descriptivos no tienen como propósito central la identificación de relaciones causales. En epidemiología, el estudio de corte o transversal constituye un ejemplo prototípico de la fase descriptiva en el que una población (o una muestra que la represente) se examina en procura del conocimiento de sus rasgos básicos.

Por su parte, los estudios explicativos (también llamados, a juicio nuestro menos adecuadamente, *analíticos*) están dirigidos a identificar las causas de los eventos. Se centran en explicar por qué ocurre un fenómeno, o bajo qué condiciones es más probable. En epidemiología, lo más frecuente es que tales estudios sean observacionales, y por lo general se desarrollan a su vez según uno de las siguientes dos variantes: *estudios de cohorte* y *estudios de casos y controles*. Un estudio de cohorte involucra el registro de la ocurrencia de cierto desenlace (por ejemplo, enfermar) dentro de una o más cohortes, donde se entiende como *cohorte* cualquier grupo de individuos que sea "seguido" u observado a lo largo de un periodo dado (Rothman, 2002). Usualmente desemboca en la comparación de las tasas (proporciones) de individuos que tengan ese desenlace entre los diferentes grupos de la cohorte. Véase la Figura 1.2.

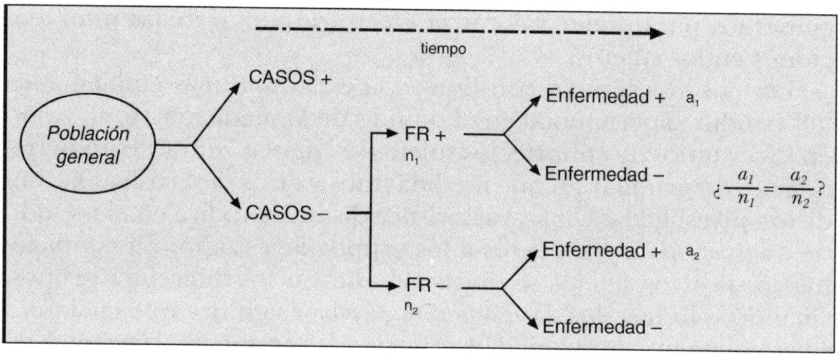

FIGURA 1.2. *Esquema de los estudios de cohorte.*

Los estudios de casos y controles parten de que el desenlace del proceso que se estudia (enfermedad, muerte, malformación, fracaso académico, etc.) ya se ha manifestado (casos) o que el proceso ya ha discurrido sin aparición de dicho desenlace (controles). Ambos grupos se comparan con respecto a las características o factores de riesgo prevalecientes cuando todos los sujetos estaban sanos con la finalidad esencial de esclarecer su posible papel causal. Véase la Figura 1.3.

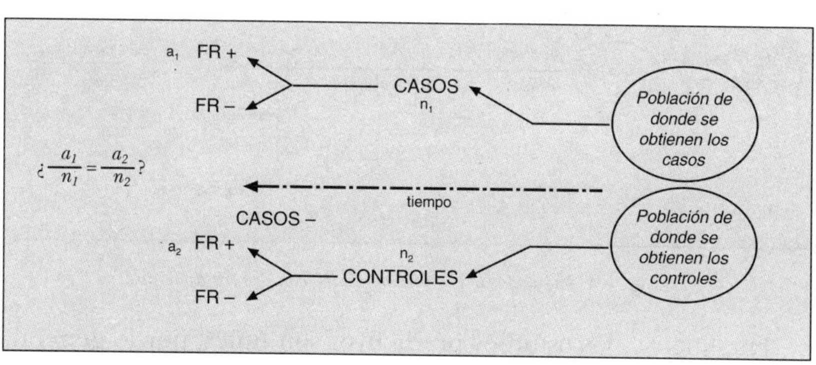

FIGURA 1.3. *Esquema de los estudios de casos y controles.*

La investigación experimental es una modalidad de estudio explicativo que se caracteriza, en esencia, por el hecho de que el investigador no se comporta como un simple espectador de los fenómenos que ocurren, sino que controla (al menos parcialmente) las condiciones bajo las cuales se desarrollan los acontecimientos para poder valorar el efecto de una o varias intervenciones en los sujetos.

Los ensayos clínicos constituyen la expresión más emblemática del estudio experimental en el mundo de la medicina. Aquí, como en los estudios de cohorte, los sujetos se "siguen" durante un periodo para determinar en qué medida unos y otros desarrollan la condición investigada. Una característica distintiva radica en el método de asignación de los sujetos a los grupos de estudio. En condiciones ideales, los sujetos se ubican al azar en los diferentes grupos. Cuando solo hay dos, la *asignación aleatoria* significa que cualquier sujeto tiene una probabilidad conocida (típicamente, la misma) de ser asignado al grupo de estudio o al de control. Por otra parte, para eludir algunos de los sesgos posibles, a los ensayos clínicos se le imponen condiciones de enmascaramiento. Por ejemplo, se dice que el estudio es "doble ciego" cuando ni los participantes ni los investigadores conocen para sujeto alguno a qué grupo experimental fue o habría de ser asignado. El caso típico en que se trabaja con dos grupos se resume en la Figura 1.4.

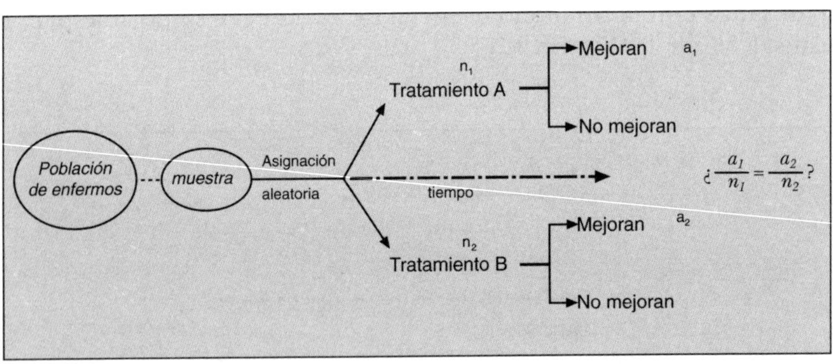

FIGURA 1.4. *Esquema de un ensayo clínico con dos tratamientos.*

Finalmente, los estudios predictivos son útiles, por lo general, para resolver problemas prácticos; por ende tienen una finalidad tecnológica: no producen un nuevo conocimiento, pues no intentan explicar las leyes que gobiernan el comportamiento de los fenómenos sino encontrar pragmáticamente un modelo que permita predecirlos.

1.4. Papel de la temporalidad

Como se acaba de explicar, existen diversos ejes para clasificar los estudios en el campo de la investigación empírica. En la sección anterior nos centramos en el eje concerniente a la finalidad del estudio. Ahora abordaremos el que concierne a la *temporalidad*. Aunque ambos ejes están vinculados, no se trata de lo mismo. En este entorno temporal pueden producirse tres posibilidades: estudios transversales (típicamente de índole descriptiva), estudios retrospectivos (circunscrito a la metodología de casos y controles) y estudios prospectivos (de cohorte o seguimiento y experimentales).

Cualquiera de ellos, en principio, es potencialmente útil en el proceso de identificar tanto las causas de ciertos hechos como posibles factores de riesgo que se le asocien. Antes que nada, procede puntualizar qué entenderemos por *causa* de un efecto; llamamos así a cualquier factor, condición o característica, cuya supresión elimina la posibilidad de que se produzca dicho efecto; los *factores de riesgo*, por su parte, son factores asociados al efecto que, sin ser imprescindibles para que éste se produzca, pueden favorecer que los agentes casuales actúen. Estas dos definiciones pueden resultar, y de hecho son, motivo de controversia, pero a los efectos prácticos son las que consideramos más útiles. En epidemiología existen, sin embargo, varias definiciones, particularmente en relación con el concepto de *causa*. Recientemente, por ejemplo, Parascandola y Weed (2001) hicieron una revisión sistemática que recoge cinco definiciones posibles para este concepto: producción, causa necesaria, causa suficiente, causa probabilística y causa contraria a los hechos.

El proceso orientado a determinar si cierta relación entre una variable X y otra Y es de naturaleza causal transita típicamente por la observación de asociación entre ellos. La identificación empírica de una asociación especifica puede tener cuatro explicaciones diferentes.

Lamentablemente, una de ellas es el efecto de *sesgos* de medición (errores sistemáticos en la medición de X o de Y debidos a deficiencias de los instrumentos o de quienes los aplican), los cuales solo se pueden evitar o disminuir empleando procedimientos tales como adecuados controles de calidad. Una segunda explicación posible proviene de los llamados *factores de confusión* (véase Sección 1.6), efectos que distorsionan nuestra visión del impacto real atribuible a cierta exposición de interés. Su control puede conseguirse en la fase de diseño o de análisis. Una tercera posibilidad es que la asociación se haya observado meramente por azar. Para descartarla, el recurso convencional es la prueba de hipótesis.

Desechadas estas tres explicaciones, solo queda una posibilidad: X e Y están vinculadas mediante una relación causal. Pero, a su vez, esta posibilidad entraña dos alternativas: que X sea causa de Y, o que Y sea causa de X. Sólo el análisis temporal puede permitir que nos pronunciemos a favor de una u otra. Para que una modificación en la condición X pueda considerarse *responsable* de los cambios que se produzcan en otra condición Y, es imprescindible que X haya actuado *antes* de que Y se haya modificado. Esta es la premisa que recuerda que la acción de un agente causal siempre precede al efecto, a lo cual en lo sucesivo se le llamará *premisa de procedencia temporal* (PPT).

Silva y Benavides (1999) consignan que ningún análisis de causalidad tiene un sentido claro cuando el diseño del estudio no ha tenido en cuenta una regla tan básica como la enunciada. Tal inadvertencia, señalan, es una trampa abierta, especialmente en los estudios transversales y retrospectivos, en los que se debe indagar sobre hechos ocurridos con anterioridad al momento del estudio. El problema radica en que es imposible en estos casos establecer *mediante observación* cuál fue el orden en que ocurrieron los hechos que se registran. En estos estudios sólo puede intentarse la reconstrucción de los acontecimientos; consecuentemente, ellos son altamente vulnerables al no-cumplimiento de la PPT. Tanto los estudios transversales como los de casos y controles, con más frecuencia que la deseada, violan esta premisa.

En los estudios prospectivos, como su nombre indica, los hechos se miden en orden temporalmente ascendente, de modo que solo raramente se presentan dudas acerca del cumplimiento de la PPT. De hecho, en el caso particular de los estudios experimentales esta fuente de conflicto no existe en absoluto; en los estudios de cohorte, tal peligro está virtualmente eliminado por el propio diseño, dado que la observación comienza cuando aún no se han producido los desenlaces que se estudian para ninguno de los participantes. Sin embargo, debe consignarse que el carácter prospectivo de un estudio observacional no garantiza que no se produzca una violación de la PPT. El siguiente ejemplo, ilustra esta posibilidad.

Supongamos que se estudian mil trabajadores sanos que trabajan en una fábrica y que se quiere determinar la influencia de factores tales como el tabaquismo en la aparición del infarto de miocardio. Tras un año de observación, se registra que entre los 650 no fumadores se produjeron 6 infartos, mientras que se produjo solo uno entre los 350 fumadores. Si estimamos el riesgo relativo asociado al tabaquismo, lejos de arrojar un valor mayor que uno, se obtiene $OR = 0{,}31$, número que haría pensar que el consumo de tabaco podría tener un carácter preventivo; es muy probable, sin embargo, que tal resultado se deba a que parte de los fumadores hubieran abandonado el hábito en virtud de ciertos trastornos (fatiga, disnea, parestesia, etc.) pródromos de un infarto latente y que venían presentándose desde mucho antes de que éste finalmente se produjera.

En los estudios retrospectivos, además de sujetos sanos, se incluyen individuos que en el momento de la encuesta padecen una enfermedad. Por ejemplo, una parte podría estar conformada por infartados a los que se le solicitan datos tales como antecedentes familiares de infarto, si fuma o si practica ejercicios. Los antecedentes familiares son datos muy probablemente anteriores a la situación que presenta este individuo ahora; pero si se quiere evaluar el posible efecto causal del hábito de fumar o la práctica de ejercicios en el desarrollo de la enfermedad, lo que realmente interesa registrar no es si el sujeto fuma *en la actualidad*, sino si lo hacía o no antes de cierta fecha pretérita en la que se sepa que ninguno de los participantes haya estado enfermo.

La lógica del estudio se pierde cuando no se tiene en cuenta este "detalle", y en tal caso se cancela toda interpretación potencial de sus resultados. Este hecho puede ser catastrófico aunque muchos investigadores no lo tomen en cuenta o lo consideren como un mal menor, acaso soluble consignándolo como una limitación del trabajo. Cabe resaltar que el problema es típico de las situaciones en las que aparecen involucradas enfermedades crónicas: el conocimiento de lo que ocurrió antes de su comienzo puede ser muy difícil (o imposible), simplemente debido a la dificultad para (o imposibilidad de) identificar el momento en que realmente comenzó el trastorno.

1.5. Análisis previo de los datos

El examen preliminar de los datos es un paso necesario, que lleva tiempo, y que, con no poca frecuencia, los investigadores descuidan. Las tareas implícitas en el análisis previo de los datos pueden parecer insignificantes y sin consecuencia a primera vista, pero son una parte esencial de cualquier análisis multivariado. Examinando con anterioridad los datos, el investigador gana en comprensión básica acerca de sus rasgos generales, así como sobre las relaciones que puedan existir entre las variables. Aunque pueda parecer un malgasto de tiempo, esfuerzos y recursos, el investigador debe ver este proceso como una "inversión", puesto que, de no hacerse, pueden aparecer problemas potencialmente invalidantes. Esta sección se dirige a comentar dos áreas que se inscriben en el marco mencionado: el manejo del problema que generan los datos ausentes y el que suponen los casos atípicos o extremos.

1.5.1. *Datos ausentes*

Los datos ausentes (los *missing data* de la literatura sajona) plantean uno de los problemas que los investigadores tienen que encarar en cualquier tipo de análisis multivariado. Estos pueden producirse para unidades completas (es decir, aquellas para las que faltan *todos* los datos) o solo para algunas variables en parte de los elementos de la muestra. Los primeros ocurren cuando las personas incluidas en el diseño de la muestra no desean participar o no se pueden contactar. Los segundos aparecen cuando para un sujeto se tienen respuestas para algunas (típicamente, la mayoría) de las preguntas formuladas en el estudio, a la vez que para otras no se tiene información alguna, ya sea por omisiones en la recogida o entrada de los datos, o por la negativa puntual de los encuestados a responderlas.

El impacto de los datos ausentes es perjudicial, no sólo por los sesgos "escondidos" sino también por los efectos en el tamaño de la muestra disponible para el análisis. La pérdida de información que generan reduce el tamaño muestral y afecta el proceso de estimación, ya sea al comprometer la precisión de las estimaciones o al reducir la potencia del estudio. Además, es posible que los resultados no puedan ser generalizados a la población en estudio si los sujetos con datos ausentes difieren sistemáticamente de los casos para los que se cuenta con toda la información.

Para encarar el problema, la ocupación primaria del investigador es determinar las razones que explican el dato faltante. Esta necesidad se deriva del hecho de que el investigador debe entender el proceso que condujo a la ausencia de datos antes de seleccionar el curso de acción apropiado.

Los datos ausentes para una unidad de análisis son comúnmente compensados usando ponderaciones, las cuales consideran la caída del tamaño de la muestra. Sin embargo, existen diversas maneras para tratar los datos ausentes dentro de un sujeto.

La estrategia más apropiada no sólo depende de los mecanismos que lo generan sino de las tasas de la llamada no-respuesta. Cuando se considera la magnitud de la no-respuesta para ciertas variables, una de las interrogantes que puede surgir es cómo compensar los datos faltantes y cuál será el efecto de estos ajustes en los procedimientos que se emplearán. Algunos de los métodos más extendidos para el manejo de datos ausentes se consignan a continuación. No se trata de una lista exhaustiva, pero cubre los enfoques más reconocidos para el manejo de bases de datos con casos incompletos (Little y Robin, 1987)

Análisis de casos completos

Una variante obvia consiste en eliminar los sujetos que no están completos y realizar el análisis con una base de datos compuesta por un número menor de unidades aunque completa para cada cual. Este método, si bien facilita el análisis por ser muy simple, pues éstos se podrían llevar a cabo con los paquetes estadísticos convencionales, entraña diversos problemas. Entre ellos, cabe mencionar los sesgos que pueden producirse debido a que se asume que los sujetos que responden a todas las preguntas de la encuesta producen respuestas similares a las que hubieran dado los sujetos, que por razones desconocidas, no respondieron a algunas de ellas. Lamentablemente, por lo general no ocurre así, pues las razones por las cuáles ciertos sujetos no responden, en incontables ocasiones, están ligadas a los propósitos del estudio.

Además, la pérdida sustancial de información que este método genera reduce el tamaño muestral y por ende hace más endeble el proceso de estimación. Este problema es más dañino cuando se planifica emplear técnicas multivariadas.

Imputaciones de los datos ausentes

Los datos ausentes son suplidos por *imputaciones*; esto significa que los datos faltantes son sustituidos por otros, usualmente surgidos de los cuestionarios que sí los contienen. Para ello se han desarrollado numerosos métodos.

La ventaja principal de esta estrategia radica en que se dispondrá de una base de datos completa sin merma del tamaño muestral. Sin embargo, se debe tener cautela al optar por los métodos de imputación, pues pueden introducir sesgos, acaso mayores que los producidos por la "no-respuesta".

Entre los métodos de imputación más ampliamente utilizados cabe resaltar los tres siguientes:

Sustituir el valor faltante por la media: es unos de los métodos más antiguos y consiste en calcular el valor promedio de la variable sobre todos los casos disponibles y atribuir dicho valor a los individuos para los que no existe el dato. Este método no es muy eficiente cuando la tasa de no-respuesta es alta, ya que reduce artificialmente la variabilidad.

Sustituir el valor por la media condicionado a subgrupos: este recurso trata de resolver el problema de la variabilidad que introduce el método anterior. Para ello se calculan las medias por subgrupos solamente; por ejemplo, se computan las medias en los hombres y en las mujeres, y se sustituyen los valores según el subgrupo al que pertenezca cada individuo.

Sustitución mediante modelos de regresión: en este caso se utilizan las técnicas de regresión para predecir el valor de los datos ausentes. Si el valor que ha de imputarse es un número (edad, salario, hemoglobina, etc.), puede emplearse la regresión múltiple. Si fuese una condición categorial (grupo religioso, situación laboral, condición de hipertenso o no) podría emplearse la regresión logística y hacer la imputación de la categoría desconocida de acuerdo a la probabilidad que el modelo de regresión estimado otorgue a cada categoría de respuesta para el sujeto en cuestión.

1.5.2. *Observaciones extremas*

Los casos atípicos o *respuestas extremas* son observaciones que no siguen el patrón estructural del resto de los datos y que por ello despiertan la sospecha de que pudieran no ser legítimos. De ser así, gravitarían indebidamente en el resultado del análisis. Las observaciones extremas pueden surgir a raíz de diferentes causas, y pueden ser clasificadas según varias categorías. Hair y col. (1999) señala, entre otras, las siguientes:

Observaciones extremas que surgen de un error de procedimiento, tales como entrada errónea de datos. Estos deben ser identificados en el nivel de filtrado de datos, pero si se pasan por alto, deben ser eliminados o recodificados como datos ausentes.

Observaciones que ocurren como consecuencia de un acontecimiento extraordinario. En este caso existe una explicación de la ocurrencia de la observación y el investigador debe decidir, básicamente con su sentido común, si la observación extrema debe quedar o no en la muestra.

Observaciones extraordinarias para las que el investigador no tiene explicación. Aunque estas son las que de manera natural uno se sentiría inclinado a omitir del análisis, el investigador debe retenerlas salvo que crea que no representan un segmento válido de la población.

Las observaciones extremas pueden ser identificadas desde una perspectiva univariante, bivariante o multivariante. La primera examina la distribución de observaciones, seleccionando como casos atípicos aquellos que caigan fuera de los recorridos de la distribución. El enfoque clásico para detectarla parte de convertir los valores de los datos en valores estándares (que tienen una media cero y una desviación estándar igual a la unidad). Según Hair y col. (1999), para muestras pequeñas (de 80, o incluso menos observaciones), las pautas sugeridas identifican como atípicos aquellos casos con valores (de la variable estandarizada) de 2,5 o más unidades. Para tamaños muestrales mayores, las pautas sugieren que el valor umbral se sitúe entre 3 y 4.

La evaluación conjunta de pares de observaciones puede realizarse usando gráficos de dispersión. Los casos que se ubiquen manifiestamente fuera de la nube formada por el resto de los pares pueden identificarse como puntos atípicos. Para ayudar a determinar el recorrido esperado de las observaciones, se puede superponer una elipse sobre el gráfico de dispersión que represente una región de confianza (variando del 50 al 90 por ciento de la distribución) para una distribución normal bivariada.

En la evaluación multivariante, el investigador puede usar una medida objetiva de la posición multidimensional de cada observación relativa a un punto común, tal como la llamada "distancia de Mahalanobis", la cual registra la "separación" de cada observación en un espacio multidimensional respecto del medio de las observaciones.

Una vez identificadas, especificadas y catalogadas las observaciones atípicas, el investigador debe decidirse entre mantenerlas o eliminarlas. Nuestra opinión es que deben mantenerse, a menos que exista una prueba incontrovertible de que son verdaderas aberraciones. Su eliminación mejora el análisis, pero el investigador corre el riesgo de limitar la generalizabilidad del estudio.

1.6. Confusión y control de variables

Dentro del análisis de causalidad (relevante en toda investigación empírica explicativa, típica en la epidemiología general, pero también en el marco de la clínica, la psicología, la sociología y muchas otras disciplinas) el concepto de *confusión* es de crucial importancia debido a que gran parte de los esfuerzos investigativos están orientados hacia la identificación de las leyes que gobiernan los procesos, y por ende de los factores que influyen sobre sus desenlaces. Pasar por alto el posible efecto confusor de una variable malogra directamente los resultados, de modo que un elemento singular en estos estudios radica en distinguir entre los factores que realmente influyen y los que dan la falsa impresión de que gravitan sobre los desenlaces

Caracterizada de la manera más simple, la *confusión* puede ser considerada como una combinación de efectos que distorsiona la imagen que percibimos del efecto real de una exposición de interés, como resultado de estar éste mezclado con el efecto de un factor extraño. La distorsión introducida por un factor de confusión puede conducir a la observación de un efecto que en realidad no existe, o a que apreciemos de manera desmedida cierta asociación real o, por el contrario, a que observemos un efecto incorrectamente atenuado, e incluso con su sentido invertido respecto del que realmente está operando.

Para que una variable sea un factor de confusión de la asociación entre una exposición o factor de riesgo y una respuesta o desenlace, tiene que cumplir formalmente las siguientes condiciones:

1. Estar asociada con el desenlace, independientemente del grado de asociación que tenga con la exposición de interés.
2. Estar asociada con la exposición sin ser una consecuencia de ella.
3. No ser un eslabón causal intermedio entre la exposición y el desenlace.

La relación entre una variable de confusión y las otras dos variables se puede apreciar en el esquema que se representa en la Figura 1.5.

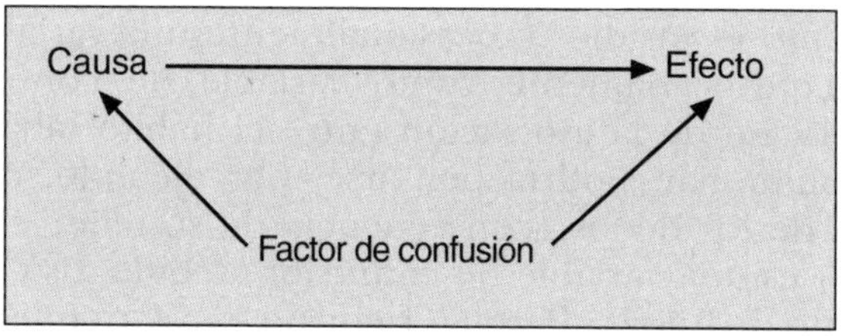

FIGURA 1.5. *Relaciones entre causa, efecto y un factor de confusión.*

Entre muchos ejemplos de factores de confusión; optamos por reproducir el que ofrece Jokin de Irala (2001), que su vez es una adaptación del análisis de Norell (1995): la relación del hábito de fumar con el consumo moderado de alcohol y con el infarto de miocardio. Se valora una posible potencialidad preventiva del consumo moderado de alcohol, pero se sospecha que el hábito de fumar pudiera enmascararla. En esta relación, el hábito de fumar cumple con los tres requisitos para ser considerado una variable que confunde la relación que vincula al consumo de alcohol con el infarto. En primer lugar, el riesgo de un infarto aumenta con el hábito tabáquico; esto quiere decir que el tabaco está asociado con la aparición de infarto tanto en consumidores moderados de alcohol como en los que no lo consumen. Por otra parte, la tasa de fumadores entre quienes consumen alcohol moderadamente es mayor que entre los no consumidores (asociación entre dicho consumo y el hábito de fumar). Y por último, no tiene sentido suponer que el supuesto efecto beneficioso del consumo moderado de alcohol se realice *a través* de la práctica del hábito tabáquico. Véase Figura 1.6.

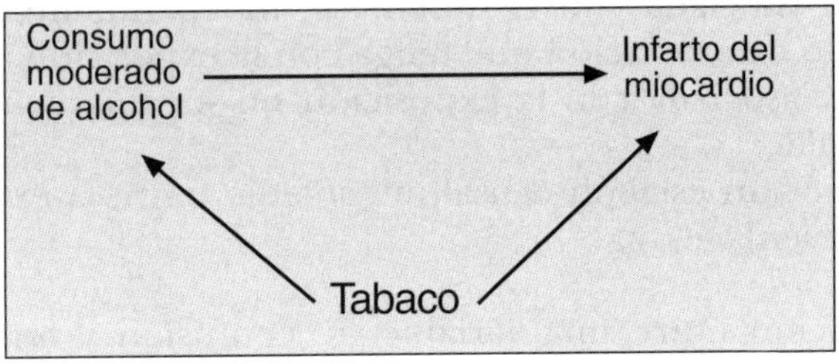

FIGURA 1.6. *Relación entre el consumo moderado de alcohol, el hábito tabáquico y el infarto del miocardio.*

Este asunto es insidioso; ocasionalmente una variable es conceptuada equivocadamente como variable de confusión. Por ejemplo, el caso de la asociación entre el hábito tabáquico y el enfisema pulmonar, podría pensarse, por ejemplo, que la pigmentación de los dedos (consecuencia de sostener el cigarrillo entre ellos) es una variable de confusión debido a su asociación con el hábito de fumar. Pero en rigor no es así, ya que no se verifica una de las tres condiciones que ha de cumplir un factor para ser considerado "de confusión". En efecto, la pigmentación no se asocia al desenlace (enfisema) independientemente de la exposición (tabaco). Véase Figura 1.7.

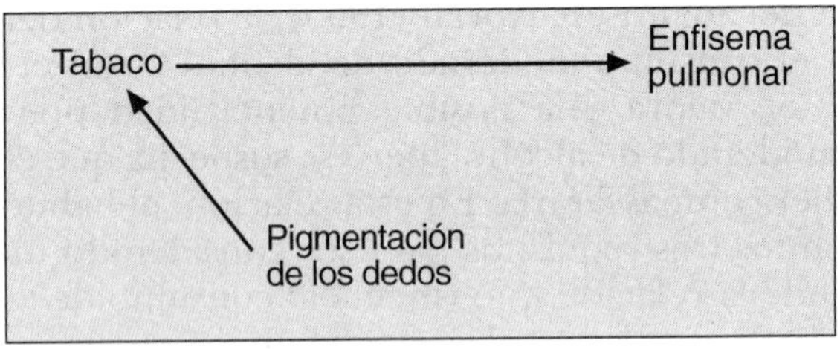

FIGURA 1.7. *Relación entre la pigmentación de los dedos, el hábito tabáquico y el enfisema pulmonar.*

En cambio, el tabaco sí resulta ser un factor de confusión para la relación entre la pigmentación de los dedos y el enfisema, ya que cumple con los tres requisitos (Figura 1.8). Es cierto que las personas que tienen los dedos pigmentados poseen más alto riesgo de padecer enfisema pulmonar, pero esta relación es debida al efecto confusor que tiene el hábito de fumar. Se usa este ejemplo para ilustrar la *confusión* porque es fácil advertir que tener los dedos pigmentados no puede causar enfisema pulmonar por sí mismo (aunque una valoración mecánicamente realizada a partir de un análisis de correlación podría conducir a dicha conclusión).

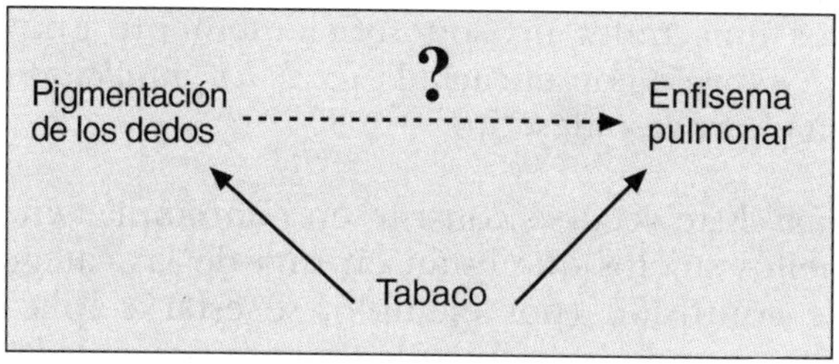

FIGURA 1.8. *Relación entre la pigmentación de los dedos, el hábito tabáquico y el enfisema pulmonar.*

En síntesis, las personas que tienen los dedos pigmentados, objetivamente poseen un alto riesgo de padecer enfisema pulmonar, pero tal condición no constituye un factor de riesgo debido a que ese riesgo observado (mayor entre quienes tienen los dedos pigmentados que para quienes no están en ese caso) es mera consecuencia del efecto confusor que introduce el hábito de fumar. Más adelante (Sección 4.5) se retoma este ejemplo para ilustrar el empleo de la RL en esta materia.

El control de factores de confusión puede realizarse en la fase de diseño, o bien conseguirse en la de análisis. En la primera se dispone de tres alternativas metodológicas básicas:

Aleatorización. Consiste en la asignación aleatoria de los sujetos bajo estudio a los grupos que se pretenden comparar; de ese modo, dicho factor habría de figurar con la misma distribución o intensidad en los grupos considerados. Su misión es la de producir grupos de comparación similares a todos los efectos salvo en el grado en que aparece la exposición de interés. Este método es, por definición, exclusivo del marco experimental y, de hecho, constituye un requisito para los ensayos clínicos bien concebidos. Teóricamente, la aleatorización consigue eliminar mejor la confusión cuanto mayor sea el tamaño muestral; cuando éste es grande, se logra la equiparación de los grupos, tanto para los factores conocidos como para los desconocidos. Sin embargo, no debe ser considerado una garantía absoluta de ausencia de confusión, pues pueden surgir disparidades indeseadas tales como los ocasionados por la pérdida diferencial de sujetos entre los grupos, por la falta de adherencia al protocolo o, simplemente, porque los tamaños muestrales no son suficientemente grandes como para que se exprese con eficacia la *ley de los grandes números* en la que se basa el proceso descrito.

Restricción. Este recurso consiste en contemplar en el estudio solo a aquellos sujetos que están en una de las categorías de la variable de confusión (por ejemplo, se estaría aplicando si se incluyen en el estudio sólo fumadores para prevenir la confusión que pudiera producir el hábito tabáquico). La restricción tiene varios inconvenientes. Al reducir el número de sujetos en el estudio, obviamente se produce una pérdida de potencia; además, tal enfoque lastra la generalizabilidad del estudio. Y, por último, solo sirve para controlar la confusión de factores politómicos (no de los que se asocian a variables continuas).

Emparejamiento. Modalidad donde cada sujeto del grupo de expuestos se empareja con uno o más sujetos del grupo de los no expuestos que se encuentran en la misma categoría del factor de confusión. Por ejemplo, supongamos que se quiere determinar la influencia de las lesiones tempranas del cuello uterino sobre la infección de virus de papiloma humano (VPH) independientemente de otros factores de riesgo. Para ello se realizó un estudio de casos y controles donde se emparejaron los casos de VPH por edad en un intervalo de ± 2 años con los controles. Esto significa que por cada mujer VPH positiva se seleccionó un control (una mujer no positiva al VPH) que difiere de aquella en no más de dos años de edad. Por ejemplo, para un caso de 26 años de edad, el control, para ser válido, debe tener entre 24 y 28 años de edad.

En la fase de análisis pueden controlarse las variables de confusión usando técnicas estadísticas tales como la post-estratificación o el análisis multivariante. Tal potencialidad para el control es una de las funciones más importantes, como se verá, de la RL, razón por la cual no nos extenderemos ahora en este tema.

1.7. Efecto de interacción

La *interacción* es la condición que produce que la relación de interés entre dos variables o factores sea diferente para distintos niveles de un tercer factor. Puede decirse que existe *interacción* entre dos factores cuando el efecto de uno de ellos sobre el desenlace o variable de respuesta depende de cuál sea el nivel del otro factor. Se dice que existe *interacción biológica* entre dos o más factores cuando se produce una interdependencia entre sus mecanismos de acción para causar, prevenir o controlar cierto desenlace.

La interacción de dos efectos puede provocar un *efecto negativo* o *antagónico* sobre la respuesta o desenlace; o bien, un *efecto positivo* o *sinérgico*. Cuando la presencia de un factor aumenta el efecto de otro, decimos que la interacción es sinérgica. Por el contrario, cuando la presencia de un factor reduce, elimina o invierte el efecto de otra variable, estamos ante un fenómeno de antagonismo (De Irala y col., 2001).

1.8. Análisis estratificado

La estratificación es una herramienta que históricamente desempeñó un papel metodológicamente relevante, en especial antes de la aparición del análisis multivariado como recurso de acceso casi universal. Su realización, en cualquier caso, familiariza al investigador con la distribución de las variables y con el patrón estructural de los datos. Su exposición en este primer capítulo, sin embargo, responde básicamente a que ayudará a comprender mejor una de las funciones centrales de la RL.

El análisis estratificado permite la evaluación y control del efecto de confusión y, por otra parte, permite evaluar y describir el de interacción.

Como ya se dijo, el efecto de interacción se refiere al cambio en la magnitud de una medida del efecto entre dos variables relacionadas, de acuerdo con el valor de una tercera variable, la cual recibe ocasionalmente el nombre de *modificadora del efecto.* Por su parte, la confusión, es una mezcla de efectos que distorsiona la imagen que percibimos del efecto real de una exposición de interés. La diferencia central entre ambos efectos radica en que, mientras la confusión es un *sesgo* que el investigador puede prevenir o, si fuera posible, eliminar de los datos, la interacción es un rasgo vinculado al efecto mismo. Es, pues, una posibilidad que ha de considerarse si realmente está presente, y no un sesgo que deba evitarse. Por ende, en una investigación, el análisis debe encaminarse a *eliminar la confusión* y a *detectar la interacción,* si la hubiese.

Para diferenciar aun más estas nociones, puede agregarse que la confusión se origina a partir de la interrelación de factores de confusión y las variables en estudio. Por tanto, la restricción en la selección de los sujetos puede prevenir que una variable se transforme en factor de confusión. La interacción, por el contrario, más que una perturbación, cuya presencia dimana del diseño del estudio, es un fenómeno natural, que existe independientemente de él.

En la Sección 1.6 se discutieron las características generales de los factores de confusión. A continuación se verá un ejemplo concreto en que la edad genera un efecto de confusión. Pongamos por caso que se estudia la infección hospitalaria posquirúrgica en pacientes operados de la cadera. El resultado se mide a través de la variable INFEC ($Y = 1$ cuando el paciente se infecta a lo largo de la primera semana, $Y = 0$ si no se infecta). Se desea evaluar si un nuevo modelo técnico-organizativo de la atención de enfermería que se dispensa a estos pacientes tiene un efecto favorable sobre el hecho de que no se produzcan complicaciones como la de desarrollar una infección. Definamos la variable RÉGIMEN, de naturaleza dicotómica, que vale 0 si el sujeto estuvo ingresado bajo el nuevo modelo y 1 en caso de que haya estado atendido bajo el régimen convencional.

Imaginemos que se han estudiado 80 pacientes de diferentes edades, 44 de los cuales se han ubicado en el régimen convencional y 36 en el régimen en estudio, y que los resultados son los que se recogen en la Tabla 1.1.

Una primera aproximación a la solución del problema sería indagar si existe asociación entre el régimen de atención enfer-

TABLA 1.1. *Condición de infectado y edad para 80 pacientes hospitalizados según modelo de atención.*

Régimen convencional (Y = 1) [n_1 = 44]				Régimen novedoso (Y = 0) [n_2 = 36]			
Edad	Infección	Edad	Infección	Edad	Infección	Edad	Infección
64	Sí	45	Sí	42	Sí	22	Sí
65	Sí	45	Sí	43	Sí	22	No
67	No	46	Sí	43	Sí	23	Sí
68	Sí	48	Sí	44	No	23	No
68	Sí	35	Sí	45	Sí	24	No
75	Sí	37	Sí	45	Sí	25	No
76	Sí	38	Sí	47	Sí	26	No
76	Sí	39	Sí	48	No	31	Sí
77	Sí	36	Sí	49	Sí	31	Sí
73	Sí	29	Sí	54	Sí	32	No
74	Sí	30	Sí	54	Sí	32	Sí
52	Sí	23	Sí	21	Sí	33	No
53	Sí	23	Sí	22	Sí	34	Sí
53	Sí	24	Sí	33	No	34	No
54	Sí	25	Sí	35	Sí		
55	No	26	No	35	No		
56	Sí	31	No	20	Sí		
64	Sí	34	Sí	21	Sí		
65	Sí	37	Sí	21	No		
66	Sí	28	Sí	21	Sí		
33	Sí	31	No	22	Sí		
28	No	25	No	22	No		

mera y el desarrollo de una infección; para ello se puede resumir la información en una tabla de contingencia de dos filas y dos columnas. El resultado, en este caso, es el que se recoge en la Tabla 1.2.

TABLA 1.2. *Distribución de pacientes según régimen de atención enfermera y condición respecto de la infección.*

	Infectados	No infectados	Total
Régimen convencional	37	7	44
Régimen novedoso	22	14	36
Total	59	21	80

Se observa que la tasa de infección entre los acogidos al régimen novedoso ($\frac{22}{36} = 0{,}61$) es apreciablemente menor que la del régimen convencional ($\frac{37}{44} = 0{,}84$). La prueba corriente de Ji-cuadrado arroja un valor observado $\chi^2 = 5{,}40$ con una p asociada de 0,02, valor que, si se apela al recurso convencional de pruebas de hipótesis, permite declarar la existencia de una asociación significativamente no nula entre los regímenes de atención enfermera y la infección.

Usando los datos brutos se puede estimar la magnitud del supuesto efecto del régimen de atención de enfermería sobre el hecho de desarrollar una infección a través del *odds ratio*, resultante de computar la llamada razón de productos cruzados $(37 \times 14)/(7 \times 22) = 3{,}36$.

Consideremos, además, que se quiere evaluar si la edad del paciente (llamémosle EDAD a esta variable) constituye una variable de confusión en la relación que pudiera existir entre el régimen organizativo y el hecho de desarrollar una infección.

Para valorarlo, los datos tienen que ser categorizados. Supongamos que se dividen en dos categorías de edades (menores y mayores de 40 años). En este caso, codificamos la variable del modo siguiente: EDAD = 0 si el sujeto es menor de 40 años y EDAD = 1 si supera esa edad, lo que produce la configuración que recoge la Tabla 1.3. El estimado del *odds ratio* en estas dos categorías es de 2,77 y 2,44 respectivamente.

TABLA 1.3. *Distribución de pacientes según régimen de atención de enfermería, condición respecto de la infección y grupo de edades.*

		Infección		
		Si	No	
Edad<40	Régimen convencional	15	5	$OR_1 = 2{,}77$
	Régimen en estudio	13	12	
Edad>40	Régimen convencional	22	2	$OR_2 = 2{,}44$
	Régimen en estudio	9	2	

Un método usual para valorar la confusión consiste en comparar de forma directa el estimado bruto del efecto con su estimación una vez *controlado* el presunto factor de confusión. Para ello se debe obtener una estimación del efecto global a partir de los datos estratificados, mediante una media ponderada de las estimaciones de los efectos en los estratos.

Retomemos nuevamente el ejemplo, ¿será posible que el *odds ratio* total de 3,36 sea reflejo en alguna medida del efecto confusor que pudiera tener la edad sobre la relación entre el régimen de atención de enfermería y la infección?

Dentro de cada categoría o estrato formado por los dos grupos de edad (mayores de 40 y menores de 40) se puede calcular el *odds ratio* como medida de la asociación entre el régimen y la infección. Una medida única global se obtiene como un promedio ponderado de los *odds ratio* de los diferentes estratos. Esto es exactamente lo que provee el *odds ratio* de Mantel Haenszel, que se obtiene a través del análisis de tablas de 2 × 2 estratificadas.

El *odds ratio* de Mantel Haenszel, supuesto que hay *r* estratos, se obtiene del siguiente modo:

$$OR_{MH} = \frac{\sum_{i=1}^{r} \left({a_i d_i}/{N_i} \right)}{\sum_{i=1}^{r} \left({b_i c_i}/{N_i} \right)}$$

donde los términos de esta fórmula son los que se muestran a continuación:

Grupo de edad i

	Infectados		
	Si	No	
Régimen convencional	a_i	b_i	
Régimen en estudio	c_i	d_i	$N_i = (a_i+b_i+c_i+d_i)$

La correspondiente prueba Ji-cuadrada de Mantel Haenszel se realiza usando el estadígrafo de la χ^2_{MH} con un grado de libertad.

$$\chi^2_{MH} = \frac{\left(\left|\sum_{i=1}^{r} a_i - \sum_{i=1}^{r} e_i\right| - 0{,}5\right)^2}{\sum_{i=1}^{r} \frac{(a_i + b_i)(c_i + d_i)(a_i + c_i)(b_i + d_i)}{N_i^2 (N_i - 1)}}$$

donde

$$e_i = \frac{(a_i + b_i)(a_i + c_i)}{N_i}$$

Nótese que el numerador de la Ji-cuadrado de Mantel Haenszel será igual a cero si el *odds ratio* dentro de cada estrato es igual a 1. Los límites de confianza inferior y superior al 95% para el *odds ratio* de Mantel Haenszel se obtienen respectivamente a través de:

$$OR_{MH}^{\;1-1{,}96\lambda} \text{ y } OR_{MH}^{\;1+1{,}96\lambda}$$

donde $\lambda = \sqrt{1/\chi^2_{MH}}$

Usando los datos de la Tabla 1.3 se tiene:

$$OR_{MH} = \frac{(15 \times 12)/45 + (22 \times 2)/35}{(5 \times 13)/45 + (2 \times 9)/35} = 2{,}68$$

Como se puede apreciar, el OR se ha reducido apreciablemente una vez controlada la edad. El cómputo de χ^2_{MH} permite valorar si esta modificación refleja el carácter confusor de la edad; la Ji-cuadrado de Mantel y Haenszel es:

$$\chi^2_{MH} = \frac{\left[\left|(15+22) - \left(\frac{(15+5)(15+13)}{45} + \frac{(22+2)(9+2)}{35}\right)\right| - 0{,}5\right]^2}{\frac{20 \times 25 \times 28 \times 17}{45^2 \times 44} + \frac{24 \times 11 \times 31 \times 4}{35^2 \times 34}} =$$

$$= \frac{7{,}83}{3{,}46} = 2{,}27$$

Este valor es demasiado pequeño para poder descartar el azar como explicación de que OR_{MH} sea mayor que la unidad (a = 0,13). El intervalo de confianza para el *odds ratio* de Mantel y Haenszel es [0,75; 9,59] puesto que:

$$\lambda = \sqrt{\frac{1}{2,27}} = 0,66$$

El análisis estratificado y el enfoque de Mantel y Haenszel ofrecen una vía simple para la eliminación de la influencia que pueda tener una variable de confusión sobre una posible asociación. Sin embargo, este no se puede llevar a cabo con un número elevado de categorías, salvo que los tamaños de muestras sean enormes. Además, exige categorizar aquellas variables de confusión que sean continuas. Para el control de múltiples variables de confusión (categóricas y continuas) los modelos de regresión, en especial la RL, aportan una solución óptima. Este tema se desarrollará más adelante (Sección 5.4.2.).

1.9. Funciones exponencial y logarítmica

Función exponencial

La función exponencial es aquella que a cada número real x le hace corresponder el número e elevado a la x, donde e es la llamada "constante de Euler", número descubierto por el alemán Leonard Euler (1707-1783). Usando sólo las seis primeras cifras decimales, dicha constante es: $e = 2,718281$.

El exponencial de x se denota indistintamente mediante las expresiones e^x y $\exp(x)$. Usando una calculadora de mesa (o de bolsillo) convencional, el lector puede comprobar que algunos valores que se obtienen al aplicar la función exponencial a diversos valores de x son:

x	$\exp(x)$	x	$\exp(x)$
–2,0	0,13	1,0	2,72
–1,0	0,37	2,0	7,39
0,0	1,00	3,7	40,45
0,5	0,65	5,7	298,87

El cuadro precedente permite apreciar algunos rasgos generales de la función exponencial, tales como los siguientes:

1. La función es positiva, sea x positivo o negativo.
2. El exponencial de 0 es 1; el exponencial de valores negativos es menor que 1 y el de valores positivos, mayor que 1.
3. La función es creciente y se incrementa muy rápidamente en la medida que aumenta x.
4. El exponencial de una suma es igual al producto de los exponenciales de los sumandos: $\exp(x_1 + x_2) = \exp(x_1)\exp(x_2)$. Por ejemplo: exp(2,0)exp(3,7)exp(5,7) = exp(2,0) exp(3,7).
5. El exponencial de un número negativo es el inverso del exponencial del opuesto de dicho número:

$$\exp(-2) = \frac{1}{\exp(2)}$$

La Figura 1.9 refleja la función exponencial gráficamente.

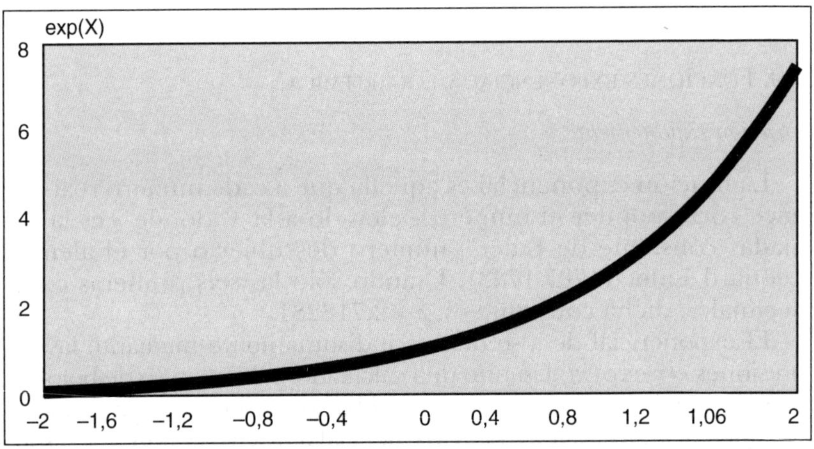

FIGURA 1.9. *Representación gráfica de la función exponencial en el intervalo [–2;2].*

Funcion logarítmica

El logaritmo es la función inversa del exponencial[7] y se deno-

[7] En rigor, el logaritmo puede definirse según la base con que se trabaje. Aquí estamos suponiendo que se trabaja con el número de Euler como base. Este logaritmo es conocido como "logaritmo neperiano". Salvo que se aclare otra cosa, se

ta mediante las letras ln. Esto quiere decir que: si $y = \exp(x)$, entonces $\ln(y) = x$. Es decir: $\ln(\exp(x)) = x$ y $\exp(\ln(x)) = x$. Por ejemplo, $\ln(8103{,}08) = \ln(\exp(9)) = 9$.

Nuevamente, con una calculadora de bolsillo se puede comprobar que los valores que corresponden al aplicar la función *ln* a diversos valores de *x* son los que se ponen en el cuadro siguiente:

x	exp(*x*)	*x*	exp(*x*)
0,1	–2,30	3,7	1,31
0,5	–0,69	45,0	3,81
1,0	0,00	90,0	4,50
2,0	0,69	3500,0	8,16

El cuadro permite corroborar las siguientes propiedades de la función logarítmica:

1. La función es positiva para valores de *x* mayores que 1; negativa para los menores que 1, y vale 0 para $x = 1$.
2. La función es creciente, pero crece muy lentamente.
3. El logaritmo de un producto es igual a la suma de los logaritmos de los sumandos: $\ln(x_1 \times x_2) = \ln(x_1) + \ln(x_2)$. Por ejemplo: $\ln(90) = \ln(2) + \ln(45)$.
4. El logaritmo de la razón de dos números es igual al logaritmo del numerador menos el del denominador: $\ln(x_1/x_2) =$ $= \ln(x_1) - \ln(x_2)$.
   Por ejemplo: $\ln(2) = \ln(90) - \ln(95)$.
5. El logaritmo solo está definido para números mayores que 0.

La Figura 1.10 refleja la función logarítmica gráficamente.

---

sobreentiende que nos referimos a éste cuando se mencione, simplemente, el logaritmo.

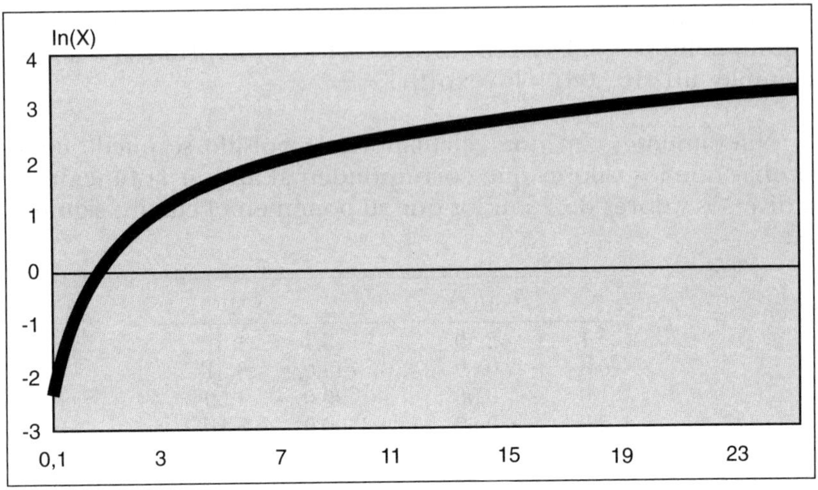

FIGURA 1.10. *Representación gráfica de la función logarítmica en el intervalo [0;24].*

II

REGRESIÓN LOGÍSTICA BINARIA SIMPLE

2.1. Introducción

Existen situaciones en las que resulta improcedente usar la regresión simple o múltiple, lineal o no, para caracterizar la relación funcional entre cierta variable de respuesta y un conjunto de variables independientes. La más común de las circunstancias invalidantes es la que se da cuando la variable de respuesta expresa la ocurrencia o no de cierto suceso, tal como que un artículo enviado a una revista sea aceptado o rechazado por el consejo editorial, que un estudiante de ingeniería desapruebe o apruebe un examen de álgebra, que el producto de un embarazo sea o no un bebé con determinada malformación congénita, o que un trasplante renal sea aceptado o rechazado por el organismo.

En situaciones como estas, suele interesar la evaluación del efecto de uno o más antecedentes sobre el hecho de que el acontecimiento se produzca. Llamemos Y a la variable dependiente, que refleja la ocurrencia o no del suceso. Puesto que Y es dicotómica, admitamos que puede asumir los dos valores siguientes:

$$Y = \begin{cases} 1 \text{ si el hecho ocurre} \\ 0 \text{ si el hecho no ocurre} \end{cases}$$

La situación más simple es aquella en que se trata de evaluar el efecto de un solo factor, al que se representará mediante la variable X, sobre el desenlace Y.

Retomemos el ejemplo del estudio de la infección hospitalaria posquirúrgica en 80 pacientes operados de la cadera, los cuales estuvieron bajo uno de dos diferentes regímenes de cuidados de enfermería. Puesto que la intención subyacente en este ejemplo es evaluar si Y se modifica en dependencia de los valores asumidos por la variable independiente que se esté considerando, resulta atractiva la idea de poner la variable en función del régimen de atención (variable dicotómica X_1) o de la variable que registra la edad del paciente (X_2). Incluso, puede valorarse la posibilidad de que Y se ponga en función de ambas simultáneamente.

Para la situación en que se tiene una sola variable explicativa, podría considerarse el modelo siguiente:

$$Y = \alpha + \beta X$$

La variable de respuesta es, en cierto sentido, una probabilidad, ya que podemos considerar que los individuos que presentan la infección tendrán probabilidad 1 y los sujetos que no la desarrollen tendrán probabilidad 0. El modelo es conocido como el *modelo de probabilidad lineal* (Figura 2.1).

Hemos de aceptar que ningún modelo describe la realidad perfectamente; sin embargo, es lógico aspirar a que sea capaz de describirla "aceptablemente". Esto quiere decir, en este caso, que este modelo atribuya altas probabilidades de tener la infección a los sujetos infectados, y bajas probabilidades a quienes no la tienen.

La capacidad para predecir la probabilidad o el riesgo de infectarse de un individuo específico debe ser el atributo más útil del modelo. Un modelo de probabilidad lineal para el riesgo de enfermar según edad podría ser:

$$Y = -0{,}18 + 0{,}26X$$

Esto indicaría que el incremento en la edad está directamente relacionado con el incremento del riesgo: si X se mide en años, el modelo estaría reflejando que por cada año adicional, el riesgo aumentaría en 0,26 unidades. Sin embargo, existe un problema notable con este modelo, consistente en que no hay nada que impida que la variable Y alcance un valor superior a 1 o inferior a 0, resultados que carecerían de todo sentido si se pretende que Y represente la probabilidad de que el hecho ocurra. El modelo anterior, por ejemplo, sugiere que a un enfermo que tenga 95 años de edad le correspondería una probabilidad ascendente a 24,52 de desarrollar la infección.

Además de que este modelo no circunscribe los valores de respuesta al intervalo [0;1], su naturaleza obliga a admitir que la relación que existe entre el riesgo y el nivel de exposición es lineal (Figura 2.1). Típicamente, esto no es así en la práctica; la relación más razonable que vincula el riesgo con la exposición es una curva sigmoidal[8], donde los cambios en los niveles de exposición de "muy bajos" a "bajos" (por

[8] Notas del curso, "Advanced Biostatistics", impartido por Thomas Hassard (University of Manitoba) en La Habana, Cuba del 16 al 20 de octubre del 2000.

ejemplo, de tener 20 a tener 25 años) provocan sólo incrementos leves en el riesgo de tener un desenlace adverso. Análogamente, cam-

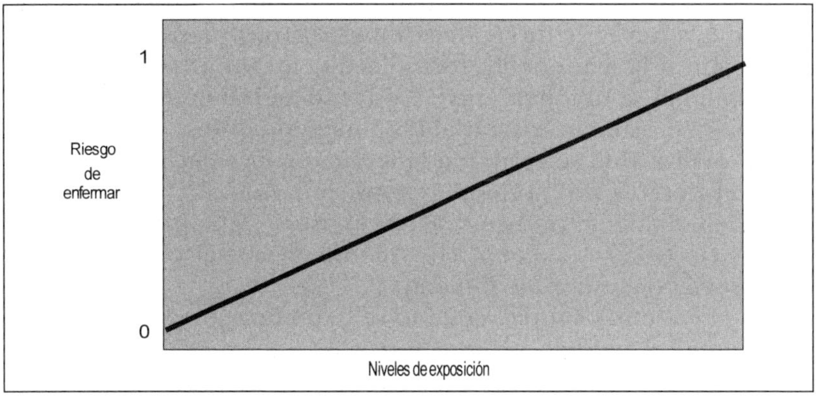

FIGURA 2.1. *Relación lineal entre los niveles de exposición de sujetos operados de la cadera a un factor (la edad) y el riesgo de infectarse.*

bios que van de "altos" niveles de exposición a niveles "muy altos" (por ejemplo, pasar de 80 años a 90 años) incrementará el riesgo pero, similarmente, de manera muy leve (con seguridad más leve que el cambio que se produce al pasar de 60 a 70 años, por ejemplo). Es decir, por lo general los cambios entre los recorridos medios de exposición provocarán cambios más drásticos en el riesgo (véase Figura 2.2) condición que el modelo que nos ocupa no cumple.

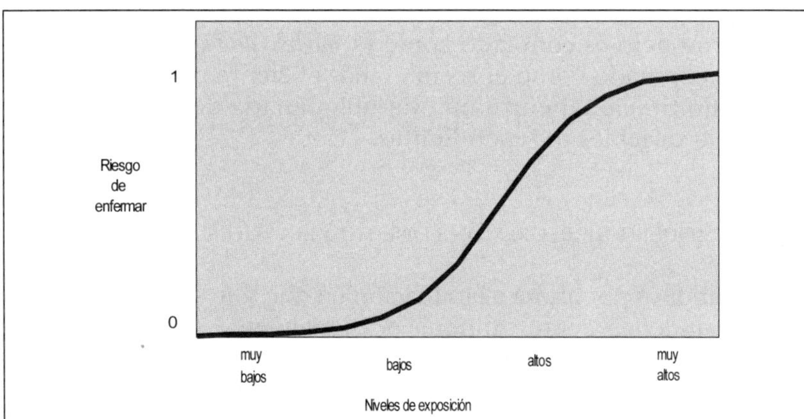

FIGURA 2.2. *Relación sigmoidal entre los niveles de exposición a un factor y el riesgo de enfermar.*

2.1. La transformación logística

La idea de usar la probabilidad de enfermar como variable de respuesta a través de un modelo lineal es atractiva, pero se requiere encontrar la manera de "forzar" a que los valores predichos de probabilidad se ubiquen entre 0 y 1, independientemente de los valores que asuman las variables independientes. Además, hay que procurar que se verifique la mencionada relación sigmoidal entre el riesgo y los niveles de exposición. Ambas condiciones se logran mediante la transformación logística de la probabilidad P de que cierto suceso ocurra, consistente en aplicar el logaritmo al *odds* asociado a esta probabilidad.

En el caso más simple, cuando se tiene una sola variable independiente, el modelo sería: $Y = \alpha + \beta X$, pero definiendo Y del modo siguiente:

$$Y = \ln\left(\frac{P}{1-P}\right)$$

Para el caso más general (cuando hay k variables independientes) el modelo que permitiría en principio resolver el problema planteado puede representarse en la forma siguiente

$$\ln\frac{P}{1-P} = \alpha + \beta_1 x_1 + \ldots + \beta_k x_k \qquad [2.1]$$

Este modelo es conocido como el *modelo de regresión logística,* y está conceptuado como el recurso más eficiente para representar el vínculo funcional entre una variable binaria de respuesta y un grupo de variables independientes.

2.2. El modelo de regresión logístico binario simple

Ciñámonos por ahora a la situación en que sólo se opera con una variable independiente. Aunque ocasionalmente se emplea en la práctica, el motivo de considerar inicialmente este caso particular es de índole básicamente didáctica, ya que resulta más fácil su comprensión que el caso en que se opera con varias variables independientes, del cual ésta es una expresión particular. El modelo logístico para el caso de una sola variable independiente toma la forma siguiente:

$$\ln \frac{P}{1-P} = \alpha + \beta X$$

donde P representa la probabilidad de que un individuo exhiba o desarrolle la característica de interés y X es la única variable independiente. La expresión anterior es equivalente a esta otra:

$$\frac{P}{1-P} = \exp(\alpha + \beta X)$$

la cual puede ser fácilmente modificada de manera que se "aísle" directamente la probabilidad de tener la enfermedad en cuestión:

$$P = \frac{\exp(\alpha + \beta X)}{1 + \exp(\alpha + \beta X)}$$

Tras una simple maniobra algebraica, se corrobora que la siguiente es otra expresión equivalente:

$$P = \frac{1}{1 + \exp(-\alpha - \beta X)}$$

Si se considera el caso en que la variable X es cuantitativa y se representan los valores de P en función de los valores de X en un sistema de ejes cartesianos, se podrá comprobar que la expresión gráfica del modelo cuando β es positivo es como refleja la Figura 2.3.

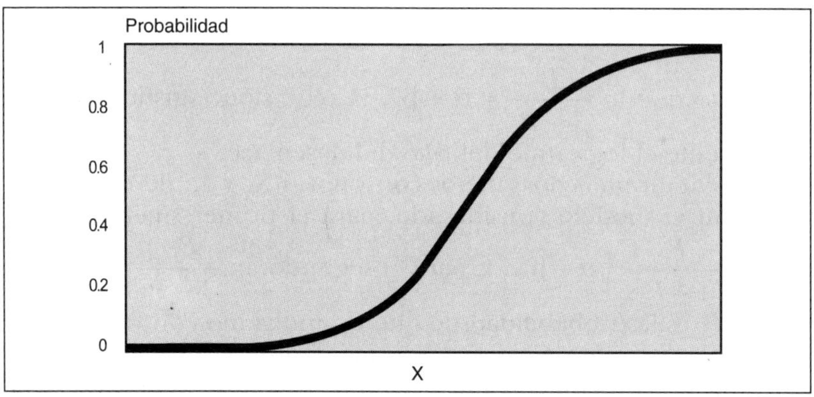

Figura 2.3. *Función logística univariada cuando* $\beta > 0$.

o bien, cuando es negativo el parámetro, como se muestra en la Figura 2.4.

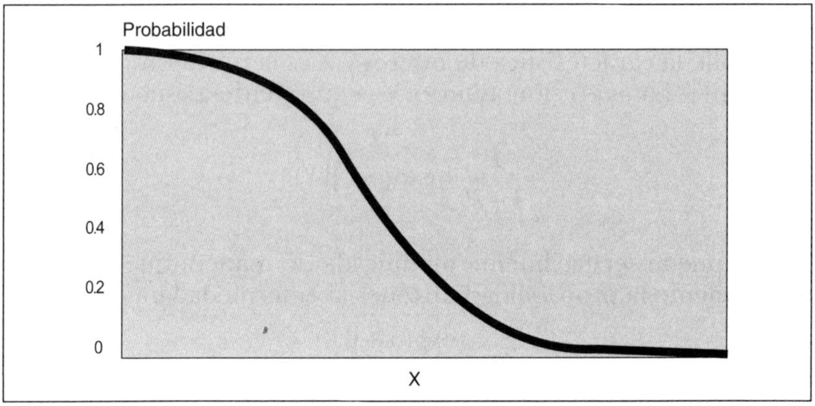

FIGURA 2.4. *Función logística con β < 0.*

2.3. INTERPRETACIÓN DE LOS COEFICIENTES

El componente central de la regresión logística, $\frac{P}{1-P}$, debe ser familiar al lector de la Sección 1.3. Este es, claro está, el *odds* de que se produzca el evento.

$$\frac{P(\mathrm{E})}{1-P(\mathrm{E})}$$

Puesto que $\ln \frac{P}{1-P} = \alpha + \beta X$ la regresión logística modela linealmente el logaritmo del *odds* del desenlace.

Consideraremos dos sujetos con valores X_1 y X_2 de la variable X. Según el modelo considerado, para el primer sujeto tendremos: $\ln \frac{P_1}{1-P_1} = \alpha + \beta X_1$ y, para el segundo, $\ln \frac{P_2}{1-P_2} = \alpha + \beta X_2$ donde P_1 es la probabilidad de que un individuo con valor X_1 de la variable X presente la característica de interés; y P_2 representa esta misma probabilidad para un individuo con valor X_2 de la variable X. Restando estas dos igualdades tenemos:

$$\ln\frac{P_1}{1-P_1}-\ln\frac{P_2}{1-P_2}=(\alpha+\beta X_1)-(\alpha+\beta X_2)=\beta X_1-\beta X_2=\beta(X_1-X_2)$$

y, dado que la diferencia de dos logaritmos es igual al logaritmo del cociente, en definitiva tenemos la siguiente expresión:

$$\ln\left[\frac{\frac{P_1}{1-P_1}}{\frac{P_2}{1-P_2}}\right]=\beta(X_1-X_2)$$

El cociente al que se le aplica el logaritmo es una razón entre dos *odds,* de modo que no es otra cosa que un *odds ratio,* que representaremos mediante el símbolo *OR*:

$$OR=\frac{\frac{P_1}{1-P_1}}{\frac{P_2}{1-P_2}}=\frac{P_1(1-P_2)}{P_2(1-P_1)}$$

La expresión anterior se puede escribir, entonces, de esta otra forma:

$$\ln(OR)=\beta(X_1-X_2)$$

lo que es igual a:

$$OR=\exp^{\beta(X_1-X_2)} \qquad [2.2]$$

Todo esto se puede resumir diciendo que la razón de *odds* entre dos individuos con valores X_1 y X_2 de la variable independiente se puede conseguir elevando el número *e* al producto $\beta(X_1-X_2)$. Considerando el caso particular en que $X_1=X_2+1$ (es decir, si los valores de X para los individuos se diferencian sólo en una unidad) tendremos:

$$\ln(OR)=\beta\{X_1-(X_1-1)\}=\beta$$

De modo que β *se puede interpretar como el logaritmo de la razón de* odds *de presentar la característica para dos individuos que se diferencian en una unidad respecto a la variable independiente.*

Aplicando la función exponencial, esta última expresión puede adoptar esta nueva forma:

$$OR = \exp^{\beta}$$

por lo que, el exponencial de β no es más que el *odds ratio* entre dos individuos que se diferencian en una unidad de la variable independiente. Este resultado tiene un interés especial en el marco de la estimación ya que, si X representa un factor que puede estar o no presente, y se ha estimado β mediante el coeficiente *b*, entonces el *OR* se estima simplemente mediante el exponencial de *b*: $\hat{OR} = e^{b}$.

El hecho de que β sea cero equivale a que $OR = 1$; de modo que $\beta = 0$ es equivalente a decir que la variable independiente en cuestión no está asociada a la probabilidad de enfermar. Nótese que, según [2.2], si $\beta = 0$ se tiene, en efecto, que dos sujetos tienen igual peligro de que $Y = 1$ independientemente de cuáles sean sus valores de X.

Para ilustrar la interpretación de los parámetros de la regresión logística consideremos el siguiente modelo de la relación entre la probabilidad de desarrollar cirrosis hepática antes de los 70 años y el consumo de bebidas alcohólicas (medido en "tragos" por día) desde los 30 años de edad:

$$\ln \frac{P}{1-P} = -3{,}47 + 1{,}65X$$

El *odds* de enfermar para los no bebedores (caso $X = 0$) sería

$$\exp(-3{,}47) = 0{,}031$$

con su correspondiente probabilidad de desarrollar la enfermedad

$$\frac{0{,}031}{1+0{,}031} = 0{,}013$$

La pendiente (β) indica que cada trago diario adicional produce un incremento en el *odds ratio* de enfermar ascendente a:

$$\exp(1{,}65) = 5{,}207$$

Por ejemplo, a una persona que consume 2 tragos por día le corresponderá un *odds ratio* de desarrollar cirrosis hepática aproximadamente 5 veces mayor que a un individuo que solo consume un trago diario. El *odds* de desarrollar la enfermedad para un individuo que solo consume un trago diario será:

$$\exp(-\,3{,}47 + 1{,}65) = 0{,}162$$

(12,061 veces mayor que el *odds* correspondiente a los no bebedores)

La probabilidad de enfermar sería en este caso igual a:

$$\frac{0{,}162}{1+0{,}162} = 0{,}139$$

El *odds ratio* para un individuo que consuma tres tragos por día asciende a:

$$\exp(-\,3{,}47 + 1{,}65 \times 3) = 4{,}393$$

(5,207 veces más que el odds para un sujeto que consuma dos tragos por día), con la correspondiente probabilidad de enfermar de cirrosis hepática de:

$$\frac{4{,}393}{5{,}393} = 0{,}815$$

La relación entre el hecho de desarrollar cirrosis hepática y el consumo de bebidas alcohólicas modelado por la ecuación hipotética de la regresión logística usada en el ejemplo se resume en la Tabla 2.1.

TABLA 2.1. Odds *de contraer cirrosis hepática antes de los 70 años de edad y probabilidad de desarrollarla, según consumo de alcohol desde la edad de 35 años.*

Consumo de bebidas alcohólicas (tragos/día)	*Odds* de desarrollar cirrosis hepática	Probabilidad de desarrollar cirrosis hepática
0	0,031	0,030
1	0,162	0,139
2	0,844	0,458
3	4,393	0,815
4	22,874	0,958
5	119,104	0,992
6	620,174	0,998

En términos generales, el hecho de que β sea cero supone que

$$P = \frac{1}{1+\exp(-\alpha-\beta X)} = \frac{1}{1+\exp(-\alpha-0X)} = \frac{\exp(-\alpha)}{1+\exp(-\alpha)}$$

magnitud que no depende de la variable independiente X. El hecho de que β sea cero implica entonces que P es una constante, no depende de X; de manera que este es otro modo de ver que $\beta = 0$ equivale a la independencia entre la variable resultado y la variable independiente en cuestión.

Debe señalarse que, como en todos los modelos de regresión, el valor de las estimaciones de los coeficientes correspondientes a las variables independientes depende de las unidades de medida que se hayan empleado, por lo que su interpretación no estará completa sin una referencia a dichas unidades, cuestión que se discutirá más adelante.

III

REGRESIÓN LOGÍSTICA BINARIA MÚLTIPLE

3.1. Introducción

Los fenómenos sociales y de la naturaleza suelen ser complejos, y una sola variable independiente por lo general no basta para resolver las demandas que ellos suelen plantear. A los efectos de algunos problemas, tal como el control de variables confusoras, una posible estrategia de análisis podría ser la estratificación mediante la categorización de las variables del modelo; pero para ello se necesitaría una muestra extremadamente grande, de suerte que se pudieran realizar estimaciones fiables de los parámetros de interés en cada estrato. Y aun en ese caso, tal enfoque supone, como es obvio, una pérdida de información para el caso de las variables continuas. El modelo logístico múltiple es un método mucho más eficiente para conseguirlo, pues permite estimar los efectos de varias variables simultáneamente sin tener que acudir a muestras enormes y con la ventaja añadida de no tener que categorizar las variables cuantitativas.

3.2. El modelo logístico binario múltiple

Por razones didácticas, como se recordará, se discutió inicialmente el modelo logístico binario simple, donde sólo se opera con una variable independiente. Pero éste puede ser extendido, naturalmente, incorporando más variables independientes (continuas o categóricas) con la esperanza de que dicho enfoque nos ayude a entender mejor por qué varía la respuesta entre unos individuos y otros.

Consideremos entonces la variable dicotómica de respuesta Y (que puede valer 1 o 0 en dependencia de que se presente o no la condición que se estudia) y un conjunto de variables independientes X_1, X_2, ...X_k. Siguiendo el patrón del modelo simple, en el caso múltiple se establece que:

$$\mathrm{logit}(P) = \ln \frac{P}{1-P} = \alpha + \beta_1 X_1 + \beta_2 X_2 + \cdots + \beta_k X_k \qquad [3.1]$$

donde α y los β_i son los parámetros (en principio desconocidos) del modelo. Es fácil demostrar que una forma equivalente de expresar este mismo modelo es:

$$P(Y=1) = \frac{\exp(\alpha + \beta_1 X_1 + \cdots + \beta_k X_k)}{1 + \exp(\alpha + \beta_1 X_1 + \cdots + \beta_k X_k)}$$

y también:

$$P(Y=1) = \frac{1}{1 + \exp(-\alpha + \beta_1 X_1 - \cdots - \beta_k X_k)} \qquad [3.2]$$

3.3. Estimación de los parámetros

El método regularmente empleado para la estimación de los coeficientes en el modelo de regresión lineal es el de *máxima verosimilitud* a través de los mínimos cuadrados. Este criterio de estimación se basa en obtener aquellos valores de los coeficientes que produzcan que la suma de los cuadrados de los residuales (las diferencias entre lo observado y lo esperado según el modelo) sea lo más pequeña posible.

La solución de este problema de optimización era sencilla en aquel caso, pues solamente entrañaba la solución de un sistema de ecuaciones lineales. Para la regresión logística, el método usual de estimación de los parámetros no se reduce a invertir una matriz, sino que es considerablemente más complejo.

Como para cualquier modelo, los parámetros (α, $\beta_1 \cdots \beta_k$) del modelo logístico tienen que ser estimados usando la información que proveen los n sujetos incluidos en la muestra (para *d* de los cuales se produce el desenlace Y = 1, en tanto que para los *n* – *d* restantes se produce Y = 0).

Es razonable pensar que para los *d* individuos que desembocan en la condición Y = 1 un buen modelo debe atribuir una alta probabilidad (*P*) de tener la enfermedad, (idealmente 1, pero más objetivamente, cercano a 1), mientras que para los otros *n* – *d* sujetos, éste debe producir una probabilidad estimada muy baja de tener la condición (es decir, un valor alto de $1 - P$).

Una medida razonable para valorar el grado en que el modelo arroja resultados coherentes con la condición que tienen los sujetos de la muestra empleada para su construcción sería el producto de todas las probabilidades (predichas por el modelo) de que los n sujetos de dicha muestra tengan la condición que realmente tienen. Si llamamos $\hat{P}_i$ a la probabilidad estimada por el modelo de que el i-ésimo sujeto tenga la condición, se puede computar la expresión siguiente:

$$V = \underbrace{\hat{P}_1 \times \hat{P}_2 \times \cdots \times \hat{P}_d}_{d \text{ sujetos con la condición}} \times \underbrace{(1-\hat{P}_{d+1}) \times (1-\hat{P}_{d+2}) \times \cdots \times (1-\hat{P}_n)}_{n-d \text{ sujetos sin la condición}}$$

conocida como la *verosimilitud del modelo.* La proximidad de la verosimilitud a 1 expresa cuán eficiente ha sido este recurso para modelar la realidad. Los mejores valores para los parámetros del modelo serán aquellos que hagan que la función de verosimilitud sea lo más grande posible. Las llamadas *estimaciones máximo verosímiles* son, por tanto, aquellos valores de los coeficientes que dan lugar al máximo valor de la verosimilitud del modelo.

Para examinar esto más formalmente, llamemos λ_i a la probabilidad que atribuye el método a la condición en que realmente se encuentre el sujeto i-ésimo.

Si $Y_i = 1$ (el individuo efectivamente tiene la condición) entonces, como P_i es la probabilidad que el método atribuye a esa condición, se tiene que $\lambda_i = P_i$. Si, por el contrario, se cumple que $Y_i = 0$, la probabilidad estimada de que no tenga la condición es $1 - P_i$; es decir, en ese caso $\lambda_i = 1 - P_i$.

La probabilidad λ_i es una función de P_i y de Y_i; es fácil convencerse de que dicha probabilidad puede expresarse de modo compacto como sigue:

$$\lambda_i = P_i^{Y_i}(1-P_i)^{1-Y_i}$$

Entonces V no es otra cosa que el producto de los λ_i para toda la muestra:

$$V = \prod_{i=1}^{n} \lambda_i = \prod_{i=1}^{n} P_i^{Y_i}(1-P_i)^{1-Y_i}$$

Nótese que lo ideal sería que se tuviera $P_i = 1$ siempre que $Y_i = 1$ y $P_i = 0$ siempre que $Y_i = 0$. Vale decir, el método sería perfecto siempre que se cumpliera que si el sujeto tiene el rasgo en estudio, entonces el procedimiento lo clasificara con certeza en dicha categoría, e hiciera lo propio con los que no tienen el rasgo. En tal caso, se tendría $\lambda_i = 1$ para todo i y, consecuentemente, V sería igual a 1. Se corrobora así que el máximo valor teóricamente alcanzable por V asciende precisamente a la unidad.

Llamemos $a, b_1, \cdots, b_k$ a las estimaciones de $\alpha, \beta_1, \cdots, \beta_k$ respectivamente. Suponiendo fijos los valores que para el i-ésimo sujeto adopten las variables Y, $X_1, \cdots, X_k$, entonces el valor de p_i depende de quiénes sean $a, b_1, \cdots, b_k$. Dicho en resumen, para una matriz de datos fija, V es una función de $a, b_1, \cdots, b_k$ con cota superior igual a 1. De lo que se trata es, precisamente, de hallar aquellos valores de $a, b_1, \cdots, b_k$ para los que V sea máxima (lo más próximo posible a la unidad).

Para hacer más tangible esta idea, consideremos el siguiente ejemplo. Imaginemos que cierta matriz de datos contiene 20 filas ($n = 20$) y 3 columnas ($k = 2$), y que sus valores son los que se reproducen en la Tabla 3.1.

TABLA 3.1. *Valores de 20 vectores de dimensión 3 apropiados para hacer un ajuste logístico.*

Y	X_1	X_2	Y	X_1	X_2
1	3,2	1	0	2,2	1
1	3,7	1	0	0,2	0
0	3,1	0	0	3,1	0
1	4,2	1	1	5,6	1
1	2,6	0	1	4,2	0
1	4,5	1	1	1,8	1
0	1,2	0	0	1,2	0
0	2,4	0	1	3,2	1
1	3,9	1	0	2,2	1
1	3,8	1	1	6,2	0

Si se ajusta la regresión logística (mediante un programa adecuado, naturalmente) a estos datos, se obtienen las siguientes estimaciones:

$$a = -7{,}023308 \quad b_1 = 2{,}129708 \quad b_2 = 2{,}370191$$

Cuando se calcula la función V usando estos 3 valores de las estimaciones de los parámetros y la matriz contenida en la Tabla 3.1, es fácil corroborar que ella alcanza el valor: 0,002635.

Ahora bien, cualquier otra terna de valores para a, b_1 y b_2 que no sea la mencionada (es decir, valores que no sean las estimaciones máximo-verosímiles a que dio lugar el programa con el cual se estimaron α, β_1 y β_2) produce valores de V menores que 0,002635. Por ejemplo, como bien puede corroborar el lector, para: $a = -7$, $b_1 = 2$, $b_2 = 2$, se obtiene $V = 0{,}001924$, y para: $a = -5$, $b_1 = 2{,}5$, $b_2 = 2$ se obtiene $V = 0{,}000003$.

El proceso de hallar los parámetros que maximicen la función V es apreciablemente complicado y exige la aplicación de un procedimiento numérico (por ejemplo, el algoritmo de Newton-Ralphson) que demanda el uso de iteraciones. Este proceso comienza por fijar:

$$a = \ln \frac{\sum_{i=1}^{n} Y_i}{n - \sum_{i=1}^{n} Y_i} \quad \text{y} \quad b_1 = b_2 = \cdots = b_k = 0$$

El valor que asume V en este caso se denota como V_1. Esos valores iniciales se sustituyen en una función[9] que da lugar a nuevos valores para a, b_1, ⋯, b_k. En cada iteración se recalcula el valor de V (el cual va creciendo, acercándose a 1 y alejándose de V_1) y así se procede sucesivamente hasta llegar a un punto en que dicha magnitud ya no se incremente apreciablemente. Los valores finales constituyen las llamadas estimaciones máximo-verosímiles de α, β_1, ⋯, β_2. El valor que asume V cuando los P_i son calculados usando estas estimaciones, es un número de notable importancia en el proceso de valoración de hipótesis y de selección de modelos al que se le denominará V_F.

[9] La explicación acerca del algoritmo y en particular de cómo se define esta función desborda el nivel de este texto, por demandar el uso de avanzados recursos del álgebra matricial, pero puede hallarse en trabajos como el de Schoenfeld (1982).

3.4. Interpretación de los coeficientes

Coherentemente con lo que vimos en el modelo univariado, cuando se trata de la regresión logística múltiple, β_i mide el logaritmo del *odds* de enfermar ($O(E) = \frac{P(E)}{1 - P(E)}$) atribuible a un incremento de X_i en una unidad, pero ahora hay que adicionar que esto es cierto *una vez que la posible influencia del resto de las variables independientes en la probabilidad de enfermar ha sido controlada*. El coeficiente α representa el logaritmo del *odds* de enfermar cuando *todas* las variables independientes toman valor cero.

Veamos con cierto detalle y usando un ejemplo la fundamentación de esta interpretación. Supongamos que se define la variable Y que registra la aparición (o no) de alguna enfermedad coronaria (EC) para varones no menores de 50 años y durante un período de observación de 10 años: Y vale 1, si el sujeto la desarrolló durante el período, y 0 si transitó dicho lapso sin su aparición.

Admitamos también que se consideran $k = 3$ variables que se miden al comienzo del período y que presumiblemente influyen en el proceso que determina cuál de los dos desenlaces es el que ocurre.

X_1 = edad del sujeto (*EDAD*)
X_2 = hábito de fumar (*HF*): 1, si fumaba; 0 en caso contrario
X_3 = tensión arterial sistólica (*TAS*)

Imaginemos que, una vez estimados los parámetros[10], el modelo es el siguiente:

$$\ln\frac{P}{1-P} = -6{,}614 + 0{,}075X_1 + 0{,}312X_2 + 0{,}018X_3$$

La ecuación puede ser usada para predecir la probabilidad de que una persona desarrolle alguna enfermedad coronaria para cualquier combinación de valores de las variables independientes. Por ejemplo, si estamos ante un sujeto de 58 años, fumador y

---

[10] En la práctica, desde luego, son desconocidos. El proceso de estimación se explicó en la sección precedente.

cuya tensión sistólica es de 150 mm, su probabilidad de desarrollar una enfermedad coronaria antes de que transcurran 10 años se estimaría, según [3.2], del modo siguiente:

$$P(\mathrm{Y}=1)=\frac{1}{1+\exp\,[6{,}614-(0{,}075)\,(58)-(0{,}312)\,(1)-(0{,}018)\,(150)\,]}$$

de modo que:

$$P(\mathrm{Y}=1)=\frac{1}{1+\exp\,(-0{,}748)}=\frac{1}{1+0{,}473}=0{,}679 \qquad [3.3]$$

Esto quiere decir que se estima que, aproximadamente, el 68% de los sujetos que posean el perfil mencionado se les presentará una EC en el transcurso de su próximo decenio.

Es oportuno aclarar que resulta irrelevante a qué se le llama Y= 1 y a qué Y= 0. Es decir, a los efectos de lo que se procura resolver, da igual que se defina la variable de respuesta, por ejemplo, como se ha hecho arriba con EC, que hacerlo al revés. Imaginemos que la variable de respuesta se denota por Z y se define del modo siguiente:

$$\mathrm{Z}=\begin{cases}1, \text{ si el sujeto } \textbf{no} \text{ desarrolló la EC durante el período de 10 años;}\\ 0, \text{ en otro caso}\end{cases}$$

¿Cuál es el efecto que tendría tal inversión? No es difícil demostrar que los valores absolutos de los parámetros serán los mismos; pero en cada caso, el signo resultará ser el opuesto al que tenía antes.

Si en el ejemplo se hubiese hecho tal definición, el modelo resultante hubiera sido:

$$P(\mathrm{Z}=1)=\frac{1}{1+\exp\,[-6{,}614+(0{,}075)\mathrm{X}_1+(0{,}312)\mathrm{X}_2+(0{,}018)\mathrm{X}_3\,]}$$

Al calcular esa probabilidad para el mismo perfil considerado anteriormente, es fácil corroborar que:

$$P(Z=1)=\frac{1}{1+\exp(0{,}748)}=0{,}321$$

El resultado, de hecho, concuerda con [3.2], ya que 0,321=1-0,679, a la vez que $P(Z=1)$ es lo mismo que $P(Y=0)$, y esta última probabilidad, finalmente, no es otra cosa que $1-P(Y=1)$.

De estas consideraciones se deriva una advertencia obvia: al interpretar los coeficientes de las variables, es imprescindible tener en cuenta cómo se ha definido la variable de respuesta: un coeficiente con signo positivo indica que $P(Y=1)$ crece cuando lo hace la variable, pero el sentido cualitativo de este hecho depende, desde luego, de lo que representen tanto la variable en cuestión como el suceso $Y=1$.

Volviendo ahora a la interpretación de los parámetros, supongamos que se consideran dos perfiles concretos:

$$X_1^* \; X_2^* \cdots X_k^*$$
$$X_1^0 \; X_2^0 \cdots X_k^0$$

y que se evalúa la función [3.1] en cada uno de ellos; llamémosles $O(X^*)$ y $O(X^0)$ a los valores respectivos de los *odds* que pueden computarse una vez conocidas dichas probabilidades. Esto quiere decir que $O(X^*)$ representa el *odds* correspondiente al primer perfil y $O(X^0)$ el inherente al segundo. Una maniobra algebraica elemental conduce a lo siguiente:

$$\frac{O(X^*)}{O(X^0)}=\exp\left[\sum_{i=1}^{k}\beta_i\,(X_i^*-X_i^0\right] \qquad [3.4]$$

La fórmula [3.4] es de sumo interés, pues coloca directamente una medida relativa del riesgo[11] correspondiente a un perfil respecto de otro en términos de los parámetros de la **RL**. Dicha expresión permite responder preguntas tales como la siguiente, remitida al ejemplo de la enfermedad coronaria que veníamos considerando:

[11] Recuérdese que aunque no coincida con lo que se ha acuñado con la expresión "riesgo relativo", la expresión "razón de *odds*" (*odds ratio*) también es, en efecto, una medida relativa del riesgo.

¿Cuánto más peligro de desarrollar una EC tiene un sujeto de 65 años, fumador y cuya tensión sistólica sea de 175 mm, que uno de 58 años, no fumador y con una TAS de 150 mm?

Aquí se tienen los perfiles:

$$X_1^* = 65 \quad X_2^* = 1 \quad X_3^* = 175$$

$$X_1^0 = 58 \quad X_2^0 = 0 \quad X_3^0 = 150$$

Aplicando [3.4] se tiene:

$$\frac{O(X^*)}{O(X^0)} = \exp[\beta_1 (X_1^* - X_1^0) + \beta_2 (X_2^* - X_2^0) + \beta_3 (X_3^* - X_3^0)]$$

que, en términos numéricos, resulta ser:

$$\frac{O(X^*)}{O(X^0)} = \exp[\beta_1 (65 - 58) + \beta_2 (1 - 0) + \beta_3 (175 - 150)$$

Finalmente, sustituyendo los valores de los parámetros y haciendo los cálculos correspondientes se obtiene:

$$\frac{O(X^*)}{O(X^0)} = OR = 3{,}62$$

Esto puede interpretarse como que la primera situación es "3,6 veces más peligrosa" que la segunda.

Si los perfiles fueran iguales salvo en una de las variables, digamos la i-ésima, se tendría:

$$X_1^* = X_1^0 \quad X_2^* = X_2^0 \cdots X_{i-1}^* = X_{i-1}^0 \quad X_{i+1}^* = X_{i+1}^0 \cdots X_k^* = X_k^0$$

de modo que todos los sumandos de [3.4] menos el i-ésimo se anulan, y la razón de odds se convierte en:

$$\frac{O(X^*)}{O(X^0)} = \exp\left[\beta_i (X_i^* - X_i^0)\right] \qquad [3.5]$$

Si finalmente, $X_i^* = X_i^0 + 1$, entonces [3.5] se reduce a:

$$\frac{O(X^*)}{O(X^0)} = \exp(\beta_i) \qquad [3.6]$$

Por ejemplo, si los sujetos difieren sólo en que uno fuma y el otro no, entonces:

$$\frac{O(X^*)}{O(X^0)} = \exp(0{,}312) = 1{,}37$$

con lo cual se ha arribado a la conclusión de que el hábito de fumar incrementa el riesgo en un 37%, supuesto que los valores de tensión arterial sistólica y edad sean iguales.

Por otra parte, es útil reparar en que la razón de *odds* (*OR*) puede escribirse del modo siguiente:

$$\frac{O(X^*)}{O(X^0)} = \frac{P^*(1 - P^0)}{P^0(1 - P^*)} \qquad [3.7]$$

donde P^* denota P(Y = 1) evaluado en X^* y P^0 denota esa misma función pero evaluada en X^0.

En muchas situaciones (en especial cuando el suceso en estudio ocurre con probabilidad muy baja, por ejemplo menor de 0,1), el segundo factor de la derecha de [3.7], es decir:

$$\frac{1 - P^0}{1 - P^*}$$

es prácticamente igual a la unidad; de modo que, usando [3.7], se puede poner:

$$\frac{O(X^*)}{O(X^0)} \approx \frac{P^*}{P^0} \qquad [3.8]$$

Por ejemplo, si $P^* = 0{,}09$ y $P^0 = 0{,}05$, los *odds ratio* calculados mediante [3.7] y [3.8] son iguales, respectivamente 1,9 y 1,8. Estos dos números son esencialmente iguales, especialmente en el contexto que nos ocupa, ya que, en términos prácticos, para cualquiera de ambos casos se diría que la razón de *odds* es aproximadamente igual a 2.

Nótese que el termino derecho de [3.8] es igual al *riesgo relativo* inherente al perfil X^* respecto del perfil X^0. De modo que si X es una variable dicotómica, que toma el valor 1 si el sujeto está expuesto a cierta condición y 0 si está libre de ella, lo que se deriva de [3.8] es que, cuando la tasa de incidencia del problema es baja, entonces $\exp(\beta_i)$ puede considerarse una medida del *riesgo relativo* inherente a poseer la condición X_i a los efectos de padecer el problema representado por Y= 1 y suponiendo que el resto de las variables del modelo permanecen constantes.

Como se dijo, el coeficiente β_i expresa el cambio que se produce en ln(*odds*) cuando X_i aumenta en una unidad y el resto de las variables permanecen inalteradas.

Consideremos nuevamente el ejemplo en el cual la probabilidad de EC se puso en función de *EDAD*, *HF* y *TAS*. Según [3.2], se tenía que para un sujeto cuyo perfil de entrada fuese:

$$EDAD = 58 \qquad HF = 1 \qquad TAS = 150$$

la probabilidad de enfermar era: $P(Y = 1) = 0{,}679$.

El *odds* correspondiente, según [1.1], asciende a 2,12. Aplicando el logaritmo, se tiene que el ln(*odds*) es, igual a 0,750.

Consideremos el mismo caso pero suponiendo que el sujeto **no** tiene la condición de fumador; es decir, para un sujeto con el siguiente perfil:

$$EDAD = 58 \qquad HF = 0 \qquad TAS = 150$$

se tiene que la probabilidad de EC es: $P(Y = 1) = 0{,}609$. Es fácil ver que el *odds* se reduce a 1,55 y, por tanto, ln(*odds*) = 0,438.

Como se aprecia, cuando *HF* pasa de ser 0 a ser 1 (*HF* aumenta en una unidad) entonces ln(*odds*) aumenta en 0,312, resultado de calcular 0,750-0,438, número que, en efecto, coincide con el valor de β_2 (coeficiente correspondiente al hábito de fumar).

Cabe enfatizar que la diferencia entre ln(*odds*) para *HF* =1 y ln(*odds*) para *HF* = 0 es igual a β_2 para cualquier pareja de valores de las variables *EDAD* y *TAS* (no solo cuando, como en el ejemplo, éstos son 58 y 150).

Si nos concentráramos en el caso de una variable no dicotómica tal como *EDAD* o *TAS*, la interpretación es en principio la misma. En este caso, sin embargo, el aumento en una unidad (un año o 1mm de Hg) con frecuencia carece de interés biológico o práctico. Es por ello útil consignar que el resultado anterior puede generalizarse: es fácil corroborar que se cumple que si X pasa de ser X_0 a ser $X_0 + C$ entonces el aumento que experimenta $\ln \frac{P(Y=1)}{P(Y \neq 1)}$ de un caso a otro es igual[12] a $C\beta_i$.

Por ejemplo, si la variable fuese la edad, se tiene que ln(*odds*) para $X_i = 40$ supera al ln(*odds*) que corresponde a $X_1 = 30$ en una magnitud igual a $10\beta_i = 0{,}75$, como puede comprobar fácilmente el lector.

En este capítulo se ha expuesto la interpretación básica de los parámetros de la RL. Otros aspectos inherentes a la interpretación de sus estimaciones, se desarrollan más adelante.

---

[12] Nótese que el caso anterior se reduce a este resultado cuando *c* =1. Por otra parte, dicho resultado se obtiene directamente de [3.5].

IV

CONSTRUCCIÓN Y EVALUACIÓN DE MODELOS

4.1. Introducción

Siempre que se ajusta un modelo de regresión, de cualquier tipo, una precaución importante a los efectos de sacar conclusiones es la de corroborar que este modelo representa adecuadamente el proceso que se estudia y, por ende, que sea compatible, efectivamente con los datos usados. Diferentes áreas que deben ser consideradas en el proceso de conformación de modelos en la RL son descritas en este capítulo. En la primera sección se tratan las definiciones de lejanía y de razón de verosimilitud, nociones que permiten evaluar características que son deseables que cumpla el modelo que se ajusta. Seguidamente se aborda la evaluación de la bondad del ajuste y las estrategias de selección de variables, así como algunos otros aspectos conexos de importancia para la conformación de modelos en la RL.

4.2. Lejanía y razón de verosimilitud

Debido a que la función de verosimilitud mide la plausibilidad de un modelo de regresión logística (véase Sección 3.3), no debe sorprendernos que para valorar su capacidad predictiva sea central la consideración de la verosimilitud; es decir, de la magnitud V antes introducida; concretamente, se suele emplear la expresión:

$$L = -2\ln V \qquad [4.1]$$

A esta transformación se le conoce como *lejanía* del modelo (o *deviance* en inglés). Nótese que, siendo $V < 1$, su logaritmo siempre será negativo; de modo que la lejanía V siempre será un número positivo.

Para que un modelo sea considerado adecuado, éste debe atribuir una alta probabilidad de enfermar a aquellos sujetos para los cuales Y = 1 (o sea, a los que padecen la enfermedad) y una baja probabilidad de enfermar (o una alta probabilidad de no padecerla) a quienes no manifiestan la enfermedad. En tal caso, la verosimilitud total (producto de todas las probabilidades) sería alta. Un modelo completamente exitoso, el cual atribuya una probabilidad de enfermar igual a 1 a cada sujeto enfermo y de 0 a cada sujeto libre de la enfermedad, tendría una verosimilitud de 1 y su lejanía sería nula. Un modelo relativamente no exitoso, por otro lado, tendría una pequeña verosimilitud y, consecuentemente, una lejanía grande.

Para ver cómo se calcula la verosimilitud del modelo en una situación extremadamente simple, consideraremos los datos presentados en la Sección 1.2 sobre relación entre consumo de droga y género que reproducimos a continuación:

		Género		
		Masculino	Femenino	
Consumidores de drogas	Sí	47	23	70
	No	98	92	190
		145	115	260

Es fácil corroborar que, una vez ajustado un modelo logístico a esta relación, tenemos:

$$\ln \frac{P}{1-P} = \alpha + \beta X = -1{,}386 + 0{,}651X$$

donde X vale 1 si se trata de un hombre y 0 si se trata de una mujer, y donde P es la probabilidad de ser un consumidor de drogas.

Este modelo permitiría computar la probabilidad de que una mujer sea consumidora de drogas:

$$P = \frac{\exp(-1{,}386)}{1+\exp(-1{,}386)} = 0{,}200$$

y de que lo sea un hombre:

$$P = \frac{\exp(-1,386+0,651)}{1+\exp(-1,386+0,651)} = 0,324$$

Naturalmente, estos valores pueden estimarse de modo simple y directo $\left(\frac{23}{115} = 0,200 \text{ y } \frac{47}{145} = 0,324\right)$, pero al hacerlo usando el modelo, se puede –de paso– apreciar su carácter integrador.

La verosimilitud correspondiente a este modelo viene dada por el siguiente producto:

$$V = \underbrace{0,200\times\cdots\times 0,200}_{\text{23 mujeres consumidoras de drogas}} \times \underbrace{0,800\times\cdots\times 0,800}_{\text{92 mujeres no consumidoras de drogas}} \times \underbrace{0,324\times\cdots\times 0,324}_{\text{47 hombres no consumidores de drogas}} \times \underbrace{0,676\times\cdots\times 0,676}_{\text{98 hombres no consumidores de drogas}}$$

Es fácil comprobar que esto da lugar a: L = $-2\ln(V)$ = 297,8.

Sin embargo, antes de aceptar este modelo, debemos tener en mente que existe aun un modelo mucho más simple, "el modelo nulo":

$$\ln\frac{P}{1-P} = \alpha$$

el cual, en este ejemplo, implicaría que el género, la única variable independiente en este caso, no tiene relación alguna con el hecho de ser un consumidor de drogas. Cuando no se considera variable independiente alguna, la estimación máximo verosímil de P es simplemente la fracción de "unos" en la muestra; en nuestro caso: $\frac{70}{260} = 0,269$.

La probabilidad de tener la condición según este modelo es entonces 0,269 y la de no tenerla es 0,731. La verosimilitud y la lejanía de un modelo nulo pueden ser calculadas sin necesidad de computadoras debido a la extrema simplicidad que adopta. No es difícil comprobar que según [4.1], la lejanía, indicador de la falta de ajuste, asciende a 302,9.

En efecto, en esta situación, la verosimilitud sería

$$V_0 = \underbrace{0,269 \times \cdots \times 0,269}_{\substack{70 \text{ consumidores} \\ \text{de drogas}}} \times \underbrace{0,731 \times \cdots \times 0,731}_{\substack{190 \text{ no consumidores} \\ \text{de drogas}}} = 0,269^{70} \times 0,731^{190}$$

de modo que $L_0 = -2\ln V_0 = 302,9$.

La mayoría de los paquetes estadísticos no comunican la verosimilitud del modelo (el cual suele tomar valores muy pequeños, debido a que es un producto de probabilidades) pero casi siempre ofrecen la lejanía.

Para responder a la pregunta de si una variable (en este caso, el género) es relevante para el problema o no, el recurso más usado es la realización de pruebas de hipótesis. Debe aclararse que el término "relevante" no alude a la importancia biológica o causal de la variable; se refiere exclusivamente a si, desde el punto de vista estadístico, su presencia tiene una concomitancia real con la variable de respuesta.

Más concretamente: se trata de responder a la pregunta de si el hecho de que el coeficiente asociado resultante sea diferente de cero se debe a mero azar o si, por el contrario, hay suficiente evidencia muestral de que el verdadero coeficiente que se ha estimado no es nulo.

Siempre que se ajusta un modelo, el algoritmo de la regresión logística computa dos lejanías: la que corresponde propiamente al modelo que se ha ajustado (L), y la que corresponde al "modelo nulo" (L_0).

La lejanía del modelo nulo es más grande que la de cualquier modelo ampliado. Esto es razonable debido a que se trata de un modelo mucho menos sofisticado y debe necesariamente tener una falta de ajuste mayor. La diferencia entre estas lejanías mide "el aporte" que hacen las variables incorporadas al modelo. Es decir, para valorar dicho aporte se puede calcular:

$$RV = L_0 - L = -2\ln V_0 + 2\ln V = -2(\ln V_0 - \ln V) = -2\ln\left(\frac{V_0}{V}\right)$$

que se distribuye Ji-cuadrado con k grados de libertad, donde k es el número de variables presentes en el modelo ampliado.

Para nuestro ejemplo, una vez computados la lejanía de ambos modelos (el nulo y el que incluye el sexo como variable independiente), se puede calcular su diferencia como se muestra a continuación:

Lejanía del modelo nulo, $L_0 = 302{,}9$
Lejanía del modelo ampliado, $L_1 = 297{,}8$
Diferencia, $L_0 - L_1 = 5{,}1$

La diferencia entre las dos lejanías o razón de verosimilitudes ($\chi^2 = 5{,}1$ con 1 gl) resulta ser en este caso *significativa* ($p < 0{,}025$) lo que indica claramente que el uso del género como variable independiente mejora la capacidad del modelo para describir los datos y confirmar que el modelo que la incluye es superior al modelo nulo. Si el valor de la χ^2 no hubiera "arrojado significación", entonces no se justificaría el uso del género como una explicación para el consumo de drogas.

En general, esta razón de verosimilitudes, es útil, en fin, para determinar si hay una diferencia significativa entre incluir en el modelo todas las variables (en este caso, una sola) y no incluir ninguna; o, dicho de otro modo: *RV* sirve para evaluar si las variables $X_1, X_2, \cdots, X_k$ tomadas en conjunto, contribuyen efectivamente a "explicar" las modificaciones que se producen en $P(Y = 1)$.

Más generalmente, puede considerarse la lejanía correspondiente a un ajuste donde hay k variables independientes y la correspondiente a otro modelo en que solo hay un subconjunto k^* de esas variables (llamémosles V y V^* respectivamente). El estadígrafo:

$$RV = L^* - L = (-2\ln V^*) - (-2\ln V) = -2\ln\left(\frac{V^*}{V}\right) \qquad [4.2]$$

se distribuye Ji-cuadrado con $k - k^*$ grados de libertad y mide el aporte que hacen las $k - k^*$ variables que están en el primero pero no en el segundo. RV se ha denominado, como ya se dijo, *razón de verosimilitudes.*

Consideremos que se está evaluando un tratamiento novedoso como alternativa a un recurso terapéutico convencional para infartados. Asumamos que la respuesta a estas intervenciones se mide a través de un resultado dicotómico (éxito o no). Dicho en términos formales, lo que se desea es evaluar si el tratamiento (*TTO*) es responsable de las modificaciones que experimenta la variable que mide el resultado (*RES*).

Imaginemos que se ha realizado un ensayo con 1132 sujetos; se ha aplicado el tratamiento nuevo a 678 individuos y el convencional a 454. Los resultados fueron los siguientes: se recuperaron 335 individuos en el primer caso (49,4%) y 148 en el segundo (34,6%). Por otra parte, supongamos que los investigadores habían considerado conveniente "controlar" dos rasgos que, a juicio de ellos, podían modificar los resultados: edad y antecedentes patológicos personales de cardiopatía.

Supongamos que se decidió manejar la edad según una escala ordinal:

1: Si el sujeto no superaba los 40 años
2: Si tenía más de 40, pero no superaba los 50 años
3: En caso de tener más de 50 años

A esta variable se le llamó *EDADG*. Aproximadamente un tercio de los pacientes en estudio pertenecía a cada grupo.

Los antecedentes patológicos de cardiopatía se operacionalizaron a través de la variable *APC*, de naturaleza dicotómica (Si o No); aproximadamente la mitad de los sujetos estaba en cada caso.

La Tabla 4.1 recoge una distribución posible de los 1132 pacientes dentro de dicha configuración.

TABLA 4.1. *Datos de un ensayo clínico hipotético con 1.132 sujetos según perfiles de entrada y resultados.*

Resultado exitoso	Tratamiento nuevo	Grupo de edad	Antecedentes	
			Sí	No
Sí (1)	Sí (1)	15-40 (1)	63	18
		41-50 (2)	88	26
		51-70 (3)	76	64
	No (0)	15-40 (1)	23	27
		41-50 (2)	20	44
		51-70 (3)	11	23
NO (0)	Sí (1)	15-40 (1)	66	67
		41-50 (2)	57	51
		51-70 (3)	53	49
	No (0)	15-40 (1)	44	76
		41-50 (2)	27	45
		51-70 (3)	41	63

Si se ajusta la RL a los datos de la Tabla 4.1 poniendo la variable *RES* en función de *TTO*, *EDADG* y *APC*, se puede comprobar que en ese ejemplo, donde $k = 3$, se arriba al siguiente modelo logístico:

$$P(Y=1)=\frac{1}{1+\exp(1{,}31-0{,}50TTO-0{,}27EDADG-0{,}40APC)}$$

La lejanía del modelo es:

$$-2\text{Ln}\,V = 1.504{,}53$$

y la del modelo nulo, igual a:

$$-2\text{Ln}\,V_0 = 1.550{,}40$$

donde V_0 es la verosimilitud del modelo nulo y V es la verosimilitud final correspondiente al modelo que incluye las tres variables independientes.

Aplicando [4.2], se obtiene $RV = 45{,}87$. Puesto que el percentil 95 de la distribución Ji-cuadrado con 3 grados de libertad es igual a 7,81, (como puede corroborarse en cualquier tabla de esta distribución), se concluye que la probabilidad de un resultado exitoso tiene, en efecto, una modificación significativamente explicable por las 3 variables de entrada tomadas en conjunto.

Si, en lugar de hacerlo para todas las variables, se quiere evaluar el efecto conjunto de algunas de ellas, la situación cambia ligeramente.

Retomemos el mismo ejemplo anterior (datos agrupados que aparecen en la Tabla 4.1), y supongamos que se quiere evaluar si EDADG y APC hacen alguna aportación explicativa respecto de la que consigue el TTO por sí solo.

Cuando se incluían las $k = 3$ variables, el valor de $-2\ln V_F$ asciende, como ya vimos, a 1.504,53. Este estadígrafo pasa a asumir el valor 1.526,57 cuando se eliminan EDADG y APC (es decir, cuando se usa TTO como única variable independiente, en cuyo caso $k^* = 1$). Por lo tanto, en ese caso:

$$RV = 1.526{,}57 - 1.504{,}53 = 22{,}04$$

El percentil 95 de Ji-cuadrado con $k - k^* = 2$ grados de libertad es 5,99, un número mucho menor que *RV*. Se concluye que EDADG y APC adicionan una aportación explicativa sustancial a la que ofrecía TTO solo.

Si $k - k^* = 1$, se trata del caso particular en que se está discutiendo si la supresión de una sola variable específica reduce significativamente el grado de explicación que se conseguía cuando esta variable estaba incluida junto con las restantes.

4.3. Prueba de Wald

Existe otra vía para probar, en la regresión logística, si una variable independiente hace un aporte estadísticamente significativo a la "explicación" de la variable de respuesta sin tener que usar la razón de verosimilitudes. Este método es frecuentemente llamado "*prueba de Wald*". Esta prueba permite contrastar si un coeficiente β es significativamente diferente de 0.

El estadígrafo para realizar la *prueba de Wald* se obtiene dividiendo la estimación del coeficiente de interés por su error estándar:

$$Z_{Wald} = \frac{b}{se(b)}$$

donde *se(b)* es el error estándar de b.

El estadígrafo Z_{Wald} sigue una distribución normal estándar. Por lo general los paquetes estadísticos proveen este último y su valor de *p* asociado.

La razón de verosimilitudes y la *prueba de Wald* brindan resultados similares en muestras grandes, por ello en estudios con suficiente tamaño de muestra no importa cuál de las dos pruebas sea la usada. Sin embargo, en muestras no muy grandes, dichas pruebas producen diferentes resultados. Por lo general se recomienda el uso de la razón de verosimilitudes.

Por ejemplo, retomando el ejemplo de la sección anterior, si se quiere evaluar la aportación de la variable EDADG al modelo de RL que vincula a TTO con el resultado, se pueden seguir las dos alternativas siguientes, básicamente equivalentes:

1. Comparar los valores de $-2\ln(V_F)$ que se obtienen cuando se

incluye tanto TTO como la variable EDADG ($k = 2$) con el que resulta cuando se deja TTO como única variable independiente ($k^* = 1$). Los resultados son respectivamente los siguientes:

$$-2\ln(V_{FA}) = 1.514{,}74 \qquad -2\ln(V_{FB}) = 1.526{,}57$$

Aplicando [4.3] se obtiene $RV = 11{,}83$. La aportación es claramente significativa, habida cuenta de que RV supera ampliamente al percentil 95 de Ji-cuadrado con un grado de libertad (3,84).

2. En el primer ajuste (con TTO y EDADG como variables independiente), se obtiene que el coeficiente de la variable EDADG asciende a 0,253 en tanto que se(b)=0,074. La *prueba de Wald* se realiza comparando $Z_{\text{Wald}}=3{,}427$ (resultado de dividir el primero de estos números por el segundo) con 1,96. La conclusión es la misma. De hecho, el valor de Z elevado al cuadrado es virtualmente el mismo que el que se obtiene para RV por el otro método. En este caso, puede corroborarse que ese cuadrado da 11,74, casi igual que 11,83, el valor de RV[13].

4.4. Evaluación de la bondad del ajuste

Una vía relativamente simple de evaluar la calidad del ajuste en este caso es aquélla cuyos pasos se delinean a continuación.

Supongamos que se ha llevado adelante un ajuste con una muestra de n individuos. Llamemos P al valor que asume la función ajustada para un sujeto dado. Una vez obtenida la función, se puede calcular el valor de Y para cada uno de los sujetos involucrados en el estudio, de modo que para cada uno de ellos se tendrá tanto el valor de la probabilidad que le corresponde

---

[13] Debe recordarse que el valor del percentil necesario para llevar adelante una prueba de hipótesis que usa la distribución Ji-cuadrado con un grado de libertad es igual al cuadrado del que se utiliza cuando se trata de una prueba basada en la distribución normal estándar, hecho que completa la explicación de que las dos pruebas son equivalentes. Por ejemplo, el percentil 95 de la primera es igual a 3,84, que no es otra cosa que el cuadrado de 1,96, el percentil 97,5 de la segunda.

como el valor de Y (el verdadero resultado que para él se produjo). La evaluación del ajuste se verifica con esa información: las n parejas (Y, P).

Antes de enumerar los pasos que deben darse, resulta conveniente llamar la atención sobre un aspecto intuitivo del problema: si el ajuste es bueno, cabe esperar que con mucha frecuencia un valor alto de P se asocie con el resultado Y = 1 y, análogamente, que si el valor de P es pequeño (próximo a 0) entonces, salvo algunas excepciones, el verdadero desenlace haya sido Y = 0. Para fijar ideas y dejar más claro el proceso, supongamos que en la muestra hay 400 sujetos y que se han obtenido los siguientes resultados[14]:

para 100 individuos se obtuvo $P = 0{,}1$
para 100 individuos se obtuvo $P = 0{,}5$
para 200 individuos se obtuvo $P = 0{,}8$

¿Cuántos individuos con el resultado Y = 1 cabe esperar en cada uno de esos tres grupos si el ajuste fuera bueno? Si nos atenemos a que P es justamente la probabilidad de que tal hecho se produzca, es obvio que esos números son 10, 50 y 160 respectivamente. De modo que, si los verdaderos totales de individuos con "éxito" en los respectivos grupos fueran, por ejemplo: 9, 45 y 166, estas frecuencias observadas serían concordantes en lo esencial con lo que se esperaba a partir de los resultados de la RL. Si esos números reales fueran, por mencionar un ejemplo, 23, 12 y 185, entonces pensaríamos que el ajuste es francamente malo.

¿Cómo llevar adelante el examen de un conjunto de datos reales? A continuación se enumeran los pasos que pudieran darse y que, como se verá, se inspiran en esa línea de pensamiento.

1. Calcular $P_1, P_2, \cdots, P_n$ a partir del modelo ajustado.
2. Ordenar esos n valores de menor a mayor.
3. Segregar los n números en grupos. Para conformar los grupos se abren al menos dos posibilidades:

---

[14] Desde luego, resultados como estos son inusuales ya que, normalmente, los valores de p recorren el espectro de 0 a 1 y se producen muchísimos valores diferentes dentro de ese intervalo. A los efectos de la ilustración, sin embargo, esta situación inusual resulta útil y elocuente.

Método A: Dividir esa secuencia ordenada en cuartiles, deciles u otra separación similar. Imaginemos en lo sucesivo que son deciles (D =10 grupos)[15].

Método B: Se forma el primer grupo con todos los sujetos para los cuales *P* sea menor que 0,1, el segundo con aquellos cuyos valores están entre 0,1 y 0,2, etcétera.

Llamemos: $n_1, n_2, \cdots, n_{10}$ a las frecuencia respectivas[16].

4. Sumar los valores de *P* dentro de cada uno de los grupos así formados. Estos son los *valores esperados*. Llamémosles:

$$E_1, E_2, \cdots E_{10}$$

de modo que E_1 es la suma de los n_1 valores de *P* correspondientes al i-ésimo grupo.

5. Contar en cada grupo el número de sujetos para los cuales Y = 1. Estos son los *valores observados*. Denotemos dichos valores con la notación siguiente:

$$0_1, 0_2, \cdots 0_{10}$$

Una vez obtenidos estos 10 pares de valores, se computa el siguiente estadígrafo (conocido como "estadígrafo de Hosmer y Lemeshow"):

$$\chi^2 = \sum_{i=1}^{10} \frac{(O_i - E_i)^2}{E_i} + \sum_{i=1}^{10} \frac{(O_i^* - E_i^*)^2}{E_i^*}$$

donde $E_i^* = n_i - E_i$ y $O_i^* = n_i - O_i$.

---

[15] Por ejemplo, así ordenados, quedan en el primer grupo los valores más pequeños de *P* (desde el primero hasta el que se ubica en un lugar por debajo del cual se halla el 10% de la muestra); quedan en el segundo grupo los que se ubican en el segundo segmento que abarca otro 10% de los datos, y así sucesivamente.

[16] Si *n* es un múltiplo de 10 y los valores de *P* fueran todos diferentes, entonces dichos tamaños serían todos iguales a la décima parte de *n*. En general, sin embargo, alguna de esas dos condiciones no se da y las frecuencias dentro de los subconjuntos serán diferentes.

Según Hosmer y Lemeshow(1989), χ^2 se distribuye Ji-cuadrado con 8 grados de libertad. Tal afirmación reposa, sin embargo, en resultados salidos de la simulación y como ha advertido Tsiatis(1980), ello no siempre es así; en particular no se cumple cuando, para algunos grupos, los valores E_i o E_i^* son nulos o muy pequeños (menores que 5).

Nuestro punto de vista es que, tanto o más razonable que hacer uso del *estadígrafo de Lemeshow y Hosmer*, resulta la estrategia que sugieren Khan y Sempos (1989) consistente en, simplemente, cotejar valores esperados y observados mediante *simple inspección* y evaluar el grado de concordancia entre valores esperados y observados a partir del sentido común[17].

Para ilustrar este recurso imaginemos que se ha examinado el consumo de estrógeno (*ESTR*) como factor de riesgo para el cáncer de mama a través de un estudio de casos y de controles en el que se incorporó la escolaridad como variable que se procura controlar. Los resultados se recogen en la Tabla 4.2.

TABLA 4.2. *Datos de un estudio de casos y controles con 1637 individuos sobre consumo de estrógeno y cáncer de mama según escolaridad.*

	Casos		Controles	
ESCO	Estrógeno	No estrógeno	Estrógeno	No estrógeno
1	85	15	12	75
2	259	150	204	590
3	37	32	80	98

Es fácil comprobar que el modelo ajustado con los 1637 sujetos produce la siguiente función:

---

[17] Esta alternativa no sólo es admisible por el hecho de que la prueba mencionada suele presentar las dificultades que le son propias a las pruebas de hipótesis; en general, las pruebas estadísticas formales para evaluar bondad de ajuste son polémicas debido a que -a diferencia de los tests de hipótesis más comunes- en este caso lo que se desea es que **no** haya significación. Las implicaciones técnicas de este hecho desbordan el propósito de este texto pero el lector puede consultar el exhaustivo artículo que Nickerson (2000) dedica a debatir los conflictos que se plantean en torno a las pruebas de hipótesis en general y a este tipo de pruebas en particular. También puede hallarse una explicación detallada en Silva (1997).

$$P(Y=1)=\frac{1}{1+\exp(0{,}178-(1{,}629)\,(ESTR)+(0{,}587)\,(ESCO))} \qquad [4.4]$$

Los perfiles de entrada posibles (que son 6), las probabilidades respectivas según [4.4] y las frecuencias con que ocurren se resumen en la Tabla 4.3.

TABLA 4.3. *Probabilidad estimada para los diversos perfiles de entrada y número de sujetos con cada perfil.*

ESTR	ESCO	p	Frecuencia
0	1	0,318	90
0	2	0,206	740
0	3	0,130	130
1	1	0,704	97
1	2	0,569	463
1	3	0,423	117

Organicemos ahora esos 1637 casos según los valores de p en intervalos (la segunda alternativa arriba planteada); concretamente, consideraremos el caso en que se forman 4 intervalos, los de aquellos sujetos para los cuales los valores de p están:

por debajo de 0,26
entre 0,26 y 0,50
entre 0,51 y 0,75
por encima de 0,75

Los resultados se consignan en la Tabla 4.4.

TABLA 4.4. *Valores esperados y observados de sujetos con Y = 1 al aplicar la RL a los datos de la Tabla 4.3.*

	0,00-0,025	0,26-0,50	0,51-0,75	0,76-1,00
Núm de individuos	870	207	560	—
Frec. esperadas	169,3	78,1	331,7	—
Frec. observadas	182	52	344	—

A modo de ilustración, repasemos brevemente cómo se computaron los valores que se hallan en las celdas de la Tabla 4.3. Por ejemplo, para el segundo cuartil, se hizo lo siguiente: se sumaron las frecuencias de la Tabla 4.1 correspondientes a Y = 1 y a los 2 perfiles para los cuales la probabilidad está entre 0.26 y 0.50: los 15 para los que *ESTRO=0* y *ESCO=1* (p=0.318) y los 37 para los que *ESTRO=1* y *ESCO=3* (p=0.423), lo cual da una frecuencia observada igual a 52.

La frecuencia esperada se deduce de la Tabla 4.3:

$$(0{,}318)\,(90)+(0{,}423)\,(117)=78{,}1$$

En este ejemplo se aprecia que no hay observación alguna que caiga en el último cuartil (probabilidad entre 0.76 y 1.00). La compatibilidad entre frecuencias observadas y esperada dista mucho de ser excelente pero tampoco resulta "desastrosa", como puede observar el lector.

En relación con el tema de la calidad del ajuste existe otra línea de acción, conocida como *diagnóstico de la RL*, propuesta inicialmente por Pregibon(1981).

La idea esencial consiste en evaluar si existen algunas (quizás muy pocas) observaciones que perturban marcadamente el ajuste y se basa esencialmente en recursos gráficos. Los detalles acerca de las diferentes variantes de acción y la aplicación informática adecuada para llevarlo adelante pueden hallarse en la obra citada de Pregibon y en el trabajo de Hosmer, Taber y Lemeshow (1991).

Es bien conocido que en el contexto de la regresión múltiple se suele emplear el llamado coeficiente de determinación (R^2) para cuantificar mediante una única medida con cotas interpretables el grado de ajuste conseguido con el modelo. Varias sugerencias se han hecho para conseguir algo similar en el marco de la RL. Sin embargo, no hay una opinión unánime sobre cuál podría ser la mejor (o peor). Una medida de este tipo, preferida por Mittlböck y Schemper (1996), es el coeficiente de determinación definido del modo siguiente:

$$R^2=\frac{\left(\sum_{i=1}^{n}(y_i-\bar{p})(\hat{p}_i-\bar{p})\right)^2}{\sum_{i=1}^{n}(y_i-\bar{p})^2\sum_{i=1}^{n}(\hat{p}_i-\bar{p})^2}$$ donde $\bar{p}$ es el porcentaje de sujetos con Y=1 en la muestra

R^2 es un número que se halla necesariamente entre 0 y 1. Alcanza el valor 1 cuando el vaticinio es perfecto. Esto quiere decir que R^2 alcanzaría el valor máximo solo si el modelo atribuyera probabilidad 1 a aquellos sujetos de la muestra que efectivamente tuvieron el evento, y valores iguales a 0 a quienes no lo tuvieron (cuando la verosimilitud es máxima), y R^2 se aproxima a 0 en la medida que las probabilidades atribuidas por el modelo disten más, respectivamente, de 1 y 0.

Cabe advertir, no obstante, que este coeficiente no mide la bondad del ajuste, que debe valorarse a través de la prueba de Hosmer y Lemeshow o mediante la inspección informal de los valores observados y esperados, como ya se apuntó. La similitud entre valores esperados y observados puede ser óptima y, sin embargo, el modelo puede tener un R^2 ínfimo.

Un caso extremo que ilustra tal situación lo tenemos en el ejemplo de la positividad a un virus en cuatro zonas geográficas con el cual se ilustrará el uso de las variables *dummy* (véase Sección 5.2). En dicho ejemplo podrá apreciarse que el ajuste es óptimo; sin embargo, para ese caso, es fácil comprobar que se tiene un escuálido valor del coeficiente: $R^2 = 0{,}006$.

Ello se debe a que una cosa es la capacidad de vaticinio individual del modelo y otra el manejo que éste puede hacer de una modelación global. El modelo del ejemplo mencionado permite hacer estimaciones perfectas de las tasas, pero su capacidad de acierto para casos individuales es pésima.

4.5. Estrategias para la selección de variables. Regresión paso a paso

A continuación se esboza cómo puede conducirse el método "hacia delante" en una situación en que hay, al inicio, 4 variables independientes X_1, X_2, X_3, X_4, candidatas a integrar el modelo final[18].

[18] El caso general en que hay k variables se deriva fácilmente de la presente exposición. Por otra parte, debe señalarse que el método que aquí se detalla es la versión más simple de los algoritmos sugeridos para llevar adelante el procedimiento paso a paso.

Paso 1. Se ajustan 4 modelos de RL, uno con cada variable independiente; llamemos RV_1, RV_2, RV_3, RV_4 a las razones de verosimilitud respectivas: $RV_i = -2\ln\frac{V}{V_i}$ donde V_i es la verosimilitud correspondiente al modelo que solo incorpora la variable X_i y V_0 la del modelo nulo. Se identifica el mayor de ellos, supongamos que fue RV_2.

Paso 2. Se evalúa si RV_2 es significativamente diferente de 0. Más concretamente, se analiza si RV_2 es mayor que 3,84 (percentil 95 de la Ji-cuadrado con un grado de libertad). Si éste es el caso, X_2 queda incorporada al modelo y se aplica el paso 3. En caso contrario, se detiene el proceso sin selección alguna.

Paso 3. Se ajustan todos aquellos modelos con 2 variables que contengan a X_2 (en este caso, hay 3 posibles). Se calcula V_F para cada uno de ellos; llamémosles:

V_{21} para X_2 X_1
V_{23} para X_2 X_3
V_{24} para X_2 X_4

Se identifica la pareja para la cual la lejanía es menor. Supongamos que esto ocurre para la que contiene a X_4.

Paso 4. Se evalúa si $-2\ln\frac{V_2}{V_{24}}$ es mayor que 3,84. De ser así, se adiciona X_4 al modelo como segunda variable incorporada y se procede al paso 5. En otro caso, se concluye la selección con la inclusión única de X_2.

Paso 5. Se ajustan todos aquellos modelos con 3 variables que incluyan a X_2 y a X_4. Se computa $-2\ln V$ para los dos casos (X_1, X_2, X_4 y X_3, X_2, X_4) y se toma el menor de ellos. Supongamos que éste es $-2\ln V_{241}$.

Paso 6. Se evalúa si X_1 hace una aportación significativa al grado de "explicación" que ya dan X_2 y X_4. Esto ocurre siempre que se cumpla que:

$$-2\ln\frac{V_{24}}{V_{241}} > 3{,}84$$

En tal caso, X_1 se adiciona a X_2 y X_4 y se va al último paso. De lo contrario, sólo quedan seleccionadas estas 2 últimas variables.

Paso 7. Se ajusta el modelo completo: con X_1,X_2,X_4 y X_4. Se computa:

$$-2\ln\frac{V_{241}}{V_{2413}}$$

Si ese número supera al percentil de Ji-cuadrado con que se ha venido trabajando (3,84), las 4 variables quedarían en el modelo. De lo contrario, sólo quedan las 3 iniciales.

El método inverso ("hacia atrás"), no será detallado, pero es muy similar: se ajusta la **RL** para las k =4 variables y se van ajustando modelos de orden inferior hasta llegar a uno que ya no pueda "degradarse" sin pérdida de información significativa.

En la práctica no es inusual que se ajuste un modelo de RL y de inmediato se aplique un procedimiento algorítmico como los que se han descrito para determinar cuáles variables han de "quedarse" en calidad de factores detectados como verdaderamente influyentes y cuáles habrán de despreciarse (Silva y Barroso, 2001).

Sin embargo, el empleo de estos recursos con fines explicativos es, como mínimo, muy discutible. Sus resultados suelen ser interpretados como sigue: las variables que se "quedan" dentro del modelo final son "responsables" (y quizá las principales responsables) de las modificaciones que experimenta la variable dependiente; las que no permanecen, o bien no influyen causalmente en el proceso, o su influencia no es apreciable. En efecto, muchos investigadores utilizan la selección algorítmica de modelos con la aspiración de obtener de manera automática conclusiones explicativas sobre el proceso causal que estudian.

La literatura especializada (Kleinbaum, Kupper, Muller y Nizam, 1998; Silva, 1994 y Draper y Smith, 1981); relacionada con la estrategia de selección de variables no aporta argumento alguno que permita considerar que ir "hacia adelante" sea mejor que ir "hacia atrás" o viceversa. Tal circunstancia constituye un primer indicio de la posible improcedencia de confiar a un algoritmo como la RPP la tarea de explicar la realidad, puesto que es legítimo sospechar que las variables que conforman el modelo final podrían no ser las mismas para ambos procedimientos. Tal desempeño inconsistente de la RPP ha sido reflejado en la literatura; por ejemplo, McGee y cols (1984) exponen detalladamente un ejemplo basado en la regresión logística, en que cada uno de los tres procedimientos diferentes de selección algorítmica dan lugar a resultados finales drásticamente discrepantes. Silva y Barroso (2001), a través de un estudio con datos simulados, llegan a la conclusión de que las discrepancias resultantes al aplicar las variantes algorítmicas de la RPP revelan la notable inconsistencia del método y ponen de manifiesto que no podrá ser capaz de identificar las variables que expliquen el proceso modelado.

Por otra parte, existen importantes objeciones de otro orden. Supongamos que un investigador estuviera interesado en conocer cuáles son los factores que verdaderamente influyen en el padecimiento de enfisema pulmonar antes de los 60 años de edad y que se define la variable Y que registra el desarrollo de esta dolencia antes de dichas décadas.

$$Y = \begin{cases} 1, \text{ si desarrolló enfisema pulmonar antes de los 60 años;} \\ 0, \text{ si el sujeto no tuvo enfisema pulmonar antes de los 60 años.} \end{cases}$$

Para ello podría comenzar seleccionando un conjunto de variables presuntamente explicativas del proceso que se estudia, tales como edad, antecedentes patológicos familiares, número de cigarrillos que consume en una semana, índice de pigmentación de los dedos (pulgar, índice y medio) de la mano, polución ambiental en su medio laboral, etc. Consideremos que se consideran sólo 3 de las 5 variables enumeradas:

X_1 edad del sujeto (*EDAD*)

X_2 índice de pigmentación (*IP*)

X_3 números de cigarrillos en una semana (*CIG*)

El investigador podría entonces realizar un estudio prospectivo (al comienzo nadie tiene enfisema y para cada individuo, al cumplir 60 años, se identifica el valor de Y) y aplicar la regresión logística. Es decir, se ajusta el modelo siguiente:

$$P(Y=1)=\frac{1}{1+\exp\left(-\alpha-\beta_1 EDAD-\beta_2 IP-\beta_3 CIG\right)}$$

Imaginemos que se realiza tal estudio con 500 pacientes y que la estimación arroja los siguientes valores: $\alpha = -14{,}985$, $\beta_1 = 0{,}089$, $\beta_2 = 0{,}891$ y b3 = 0,007[19]

Así, por ejemplo, para un sujeto con *edad* = 58 *años*, *IP* = 13,1 y *CIG* = 70, se tiene:

$$P(Y=1)=\frac{1}{1+\exp\left[14{,}985-(0{,}0891)(58)-(0{,}891)(13{,}1)-(0{,}007)(70)\right]}=0{,}912$$

resultado que permite vaticinar que, de cada 100 individuos con este perfil, 91 desarrollarán enfisema en el curso de los próximos dos años.

Pero el propósito del investigador no era conformar un modelo predictivo sino que quería descubrir cuáles de estas variables tienen peso causal sobre la aparición de enfisema (o son factores que entrañan mayor riesgo de desarrollar la enfermedad) y cuáles no. Con este fin, decide entonces realizar una selección mediante RPP.

La RPP hacia delante (*forward selection*) arroja los resultados de la Tabla 4.5.

TABLA 4.5. *Estimación de los parámetros del modelo ajustado por la RPP hacia delante.*

Variables	Estimación	ex(b)	IC para exp (b)	
			Inferior	Superior
Intercepto	$\alpha = -14{,}594$			
EDAD	$\beta_1 = 0{,}089$	1,093	1,064	1,124
IP	$\beta_2 = 0{,}898$	2,454	2,067	2,914

[1] El archivo en formato Excel empleado para esta ilustración puede ser solicitado a los autores.

La prueba de bondad de ajuste de Hosmer y Lemeshow muestran un magnifico ajuste del modelo, como se ve en la Tabla 4.6.

TABLA 4.6. *Valores observados y esperados para la prueba de bondad de ajuste de Hosmer y Lemeshow.*

RESP =0		*RESP* =1	
Frecuencia observada	Frecuencia esperada	Frecuencia observada	Frecuencia esperada
50	49,937	0	0,063
50	49,578	0	0,422
50	48,870	0	1,130
47	47,778	3	2,222
44	45,489	6	4,511
42	41,900	8	8,100
35	34,817	15	15,183
22	24,965	28	25,035
19	13,361	31	36,639
1	3,300	49	46,700

El valor de Ji-cuadrado fue de $\chi^2 = 8,14$ y el valor de p asociada a él fue de 0,42. Ello permite formalmente aceptar el ajuste, ya que no hay discrepancias significativas entre frecuencias observadas y esperadas.

Como se ve, tal acción arrojó que el grado de pigmentación en los dedos quedó incluido en el modelo a la vez que resultó excluida la condición de fumador, debido a la madeja de correlaciones que tienen estas dos variables con las restantes del modelo y a la alta asociación que tienen entre sí (véase Tabla 4.7) .

TABLA 4.7. *Matriz de correlaciones para las variables incluidas en la RPP.*

	CIG	*IP*	*EDAD*
CIG	1		
IP	0,819	1	
EDAD	0,005	–0,014	1

Si no fuera por la certeza que existe hoy de que el hábito de fumar es una práctica que favorece el enfisema pulmonar y de que es una variable de confusión para la relación entre la pigmentación de los dedos y el enfisema, el investigador sería conducido por sus propias reglas de análisis a aseverar que la pigmentación de los dedos, puesto que ha quedado incluida en el modelo final, es un factor de riesgo para esta entidad. Tal conclusión, lejos de iluminar el camino hacia el conocimiento de las verdaderas relaciones causales, lo ensombrecería o, más bien, lo obstaculizaría.

Si el modelo de regresión se aplicara solo para estimar la probabilidad de que un sujeto con cierto perfil desarrolle en el futuro un enfisema pulmonar (por ejemplo, para emprender una especial acción preventiva sobre quienes tengan tal perfil), entonces la pigmentación de los dedos podría estar con todo derecho en él, ya que en este caso el enfoque ha de ser pragmático: si se consiguen buenas predicciones, poco importan los medios. En este contexto resulta irrelevante si una variable dada ha quedado incluida debido a que desempeña un papel causal, o a que es un mero reflejo de otra que no aparece pero que sí pudiera tener tal condición; todo lo que importa es construir el instrumento predictor con el menor número posible de variables, principio de parsimonia que reducirá los esfuerzos que ha de realizar el investigador, tanto en la recogida de la información como en el manejo ulterior de la ecuación.

Pero si se quiere **entender** el mecanismo de producción del enfisema, no por calificar de "predictivas" a las variables independientes la situación pasa a ser de predicción; de manera que resulta absurdo actuar como si el término diera amparo a un procedimiento esencialmente inconducente (la RPP) para lo que realmente se desea, que es identificar factores causales o de riesgo.

Debe advertirse en este marco que existe una notable ambivalencia cuando se habla de "variables predictivas" en situaciones que no son verdaderamente de predicción. "Factor de riesgo" y "factor predictivo" no son sinónimos: el hecho de que esté o no presente un factor de riesgo (y el grado en que gravita en la función) puede ocasionalmente ser útil para la predicción, pero una variable puede hacer importante aportación a los efectos de predecir, aunque en sí misma no sea un factor de riesgo.

Otra trampa semántica que contribuye al empleo equivocado

de la RPP concierne al hecho de que dos variables estén asociadas o no. Tras aplicar este procedimiento, muchos investigadores "concluyen" que l*as variables que quedaron en el modelo están asociadas con el fenómeno que se estudia* (típicamente una enfermedad), eludiendo así el compromiso de pronunciarse acerca de si tales variables son o no causantes del fenómeno en cuestión. No tiene sentido convertir la constatación de que dos variables están asociadas en una "conclusión", porque ésta última debe ser el resultado de un proceso intelectual cualitativamente superior a la mera cuantificación fenomenológica que la primera representa. La constatación la puede hacer un paquete estadístico como el SPSS; a la conclusión sólo puede llegar un ser humano. Nótese además que la cuantificación de una asociación nunca tiene interés en sí mismo y carece de un sentido claro salvo que se inserte en el contexto de una conjetura causal (Silva,1999). A nadie se le ocurriría investigar, por ejemplo, la asociación entre la condición de ser hipertenso y el color de la vivienda del paciente; es decir, siempre que se mide una asociación es porque hay una sospecha racional, como mínimo subconsciente, de que tal asociación pudiera brindar una prueba –o al menos, un indicio– de una relación causal.

Lo curioso es que, a la vez que muchos autores están avizorados acerca de que no deben confundir **asociación** con **causalidad** en el marco univariado, parecen olvidarlo cuando quedan encandilados por los métodos multivariados, y que no comprendan que, al aplicar estos algoritmos mecánicamente, están incurriendo solapadamente en el conocido sofisma. Variables que pudieran tener responsabilidad "directamente causal" pueden resultar eliminadas al ser suplidas por una o más variables que no tengan influencia real alguna pero que se vinculen con ella, y en la medida que el asunto se dirime en la "caja negra" de la RPP, nada se puede hacer para evitarlo.

Por otra parte, cabe recordar que estos criterios están asentados (y en el caso de la RPP, de manera intensa y reiterada) sobre las pruebas de significación; por lo tanto, su pertinencia está sujeta a todas las suspicacias que ellas despiertan (Silva, 1997). En particular, a la mayor de todas: cuando la muestra es suficientemente grande, toda variable que sea independiente de las demás covariables pudiera quedar por ese solo hecho incluida en el modelo, al margen de que su sustantividad clínica o biológica sea nimia o no.

En síntesis, el empleo de la RPP con fines explicativos es absurda, pues la selección algorítmica de modelos no puede evitar que los resultados se deriven de meras concomitancias estadísticas (de hecho, en eso se basan), ni distinguir entre las asociaciones de índole causal y las debidas a terceros factores involucrados en el proceso. Consecuentemente, si bien los modelos de regresión múltiple, muy especialmente el modelo logístico, pueden ser de extraordinario interés para ayudar a entender los procesos biológicos y sociales, los procedimientos algorítmicos de subselección de variables para conformar un modelo "final" explicativo son, salvo situaciones excepcionales, totalmente improcedentes.

4.6. Examen de residuos

Existe una fase posterior de análisis, una vez ajustado un modelo de RL plausible al patrón subyacente de los datos observados. Aunque el modelo propuesto represente suficientemente bien los datos, hay una serie de cuestiones que investigar. Podría ocurrir que no se cumpla el supuesto de linealidad entre el *logit* de la probabilidad del suceso de interés y las variables independientes, que la presencia de algunas observaciones extremas en el conjunto de datos que se está manejando perturbe la calidad del ajuste, o que otra función distinta de la logística fuese mejor para describir las observaciones.

Existen numerosos métodos para comprobar el cumplimiento del supuesto de linealidad entre el *logit* de la probabilidad del suceso de interés y las variables independientes. Uno de ellos es el análisis de residuos en la regresión logística. Aunque no nos extenderemos sobre este tema, hemos considerado de interés dar una semblanza de él, como el lector puede corroborar en lo que sigue.

Ante todo hay que definir qué se entiende por *residuo*; se trata de una medida que expresa la diferencia entre las respuestas observadas y las predichas por el modelo. En el modelo logístico pueden obtenerse los residuos de varias maneras. Por ejemplo, pueden considerarse los residuos crudos, que no son más que las respuestas observadas menos las predichas por el modelo:

$$y_i - n_i\hat{p}_i$$

donde n_i representa, en caso de datos agrupados, el número de individuos con un perfil de entrada específico, y_i es el número de éstos que presentan la característica de interés y $\hat{p}_i$ la probabilidad predicha para un individuo con tal perfil.

Los residuos crudos divididos por su error estándar son los llamados *residuos crudos estandarizados* o *residuos de Pearson*. Para el caso de datos no agrupados (es decir $n_i = 1$), los residuales anteriores toman respectivamente las siguientes formas:

$$y_i - p_i \text{ y}$$

$$r_i = \frac{(y_i - p_i)}{\sqrt{p_i(1-p_i)}}.$$

Otro residual de interés es la raíz cuadrada de la contribución de cada observación a la lejanía, en el caso de datos no agrupados para el caso en que $y_i = 0$ toma la forma siguiente:

$$d_i = -\sqrt{-2\log(1-p_i)}$$

y, para el caso en que $y_i = 1$, esta otra:

$$d_i = -\sqrt{-2\log(p_i)}$$

Aunque se pueden definir más tipos de valores residuales para la regresión logística, los dos arriba definidos y algunas transformaciones de ellos son los más usados.

El análisis de residuos que, como se ha dicho, no se detalla aquí, puede ser útil para detectar observaciones extremas en un marco multivariado, o cuando no se logra un buen ajuste del modelo para sugerir transformaciones de las variables independientes con el propósito de mejorar el ajuste.

4.7. Colinealidad

Como se ha discutido hasta ahora, el análisis de regresión logística múltiple tiene la capacidad de determinar cómo un conjunto de variables independientes, probablemente relacionadas unas con otras, está a su vez relacionado con la variable de respuesta.

Si dos variables independientes están altamente correlacionadas hasta el punto de que se puedan conocer los valores de una tan pronto se conozcan los de la otra, el análisis de regresión logística multivariado no puede llevarse adelante debido a que, en tal caso, el algoritmo de estimación exige invertir una matriz con determinante nulo. Lo mismo pasa si una variable independiente puede ponerse como combinación lineal de otras variables independientes. Este problema es conocido como *multicolinealidad* y se ilustra a continuación con un ejemplo extremo.

Supongamos que se están estudiando los factores que influyen en la estancia hospitalaria de pacientes afectados con neumonía para los cuales se registra la temperatura corporal, tanto en grados Fahrenheit (X_F) como en grados Celsius (X_C). Si se incluyeran ambas variables independientes en el modelo de RL, el ajuste sería imposible. Esto es debido a que la temperatura en grados Celsius no es más que una transformación lineal de la temperatura en grados Fahrenheit $X_C = (0{,}56)(X_F - 32)$.

En la práctica, desde luego, es muy poco probable que se dé tal situación. Un escenario más probable es aquel en que se opera con variables que, si bien no guardan una dependencia lineal perfecta, están muy altamente correlacionadas. En tal caso, las estimaciones resultan lábiles y poco confiables. Por ejemplo, Phibbs y cols., (1996) encontraron que el peso al nacer y la edad gestacional son dos variables demasiado relacionadas como para que sea legítimo incluirlas a ambas en el análisis de la mortalidad neonatal.

Una manera en muchos casos aceptable para determinar cuán correlacionadas están las variables independientes consiste en observar la matriz de correlaciones de las variables independientes que se quieren introducir en el modelo. En general, suele admitirse que, cuando un coeficiente de correlación entre dos variables supera a 0,80, la presencia de ambas ya puede causar problemas de multicolinealidad en el análisis.

Se pueden considerar tres opciones al detectar que existen variables altamente correlacionadas (Katz, 1999): omitir una de las dos variables, usar las cláusulas "and/or" o crear una variable sintética con ellas.

Si se decide omitir una de las variables, el problema radicará en cuál se debe sacar del análisis. Una solución que se ha planteado es omitir aquella con mayor cantidad de datos ausentes, o la que mayor error de medición tenga, o la que menor importancia para el investigador posea. En el estudio de mortalidad neonatal de Phibbs y cols. (1996) los investigadores decidieron mantener en el análisis el peso al nacer y excluir la edad gestacional. Esta fue excluida porque, comparada con el peso al nacer, poseía más casos con datos ausentes y se tenía menos confianza en la codificación usada.

Desde luego, reglas como éstas, pueden ser absurdas, planteadas así de manera genérica. A nuestro juicio (véase sección 4.5), siempre es necesario delimitar de antemano el propósito del ajuste (por ejemplo, explicativo, descriptivo o predictivo) y contemplar el conocimiento que ya se posea para resolverlo.

Si la finalidad fuera exclusivamente predictiva, pudieran tener sentido. Si se trata de "modelar" la realidad para comprenderla mejor, tales recetas son más bien ridículas, ya que dan la impresión de que la construcción del modelo es una finalidad en sí, y no un medio para esclarecer la naturaleza de las dependencias reales entre las variables.

El uso de recursos tales como "compactar variables correlacionadas" puede constituir otra solución. Por ejemplo, si se les pregunta a pacientes con neumonía si han tenido sudoraciones o temblores, se trataría de dos variables probablemente muy correlacionadas, ya que los temblores son una forma extrema de la sudoración. Sin embargo, algunos pacientes que han tenido temblores pueden no haber notado que sufrieran primero de sudoraciones, y otros que tuvieron sudoraciones pueden haber tomado aspirina, fármaco que contribuye a evitar los temblores. La nueva variable podría ser "haber sufrido de sudoraciones o temblores": los pacientes que tuvieron uno de los síntomas o los dos responderán "sí", y solo a aquellos que no sufrieron ninguno de los dos se les asigna "no".

Crear *variables sintéticas* es otra estrategia frecuentemente empleada en estudios de psicología y sociología. Cuando se crean tales variables, los valores de diferentes dimensiones para cada sujeto son resumidos en una variable que contempla a la vez el significado de las variables separadas. Los investigadores pueden hacer diversas preguntas con respuestas relacionadas intencionalmente para aquilatar la validez de las respuestas. En estos casos, pueden luego acudir a variables sintéticas que resuman la información contenida en todas las preguntas formuladas. Por ejemplo, en un estudio donde se desee describir conductas sexuales riesgosas en relación con las infecciones de transmisión sexual y

VIH/SIDA, se indaga por el uso del condón y, para validar las respuestas, pueden hacerse preguntas relacionadas con su uso en los últimos seis meses, el número de relaciones sexuales no protegidas en el último mes, o el hecho de no haber usado el condón en la última relación sexual. A los efectos del análisis que involucre conductas de riesgo, puede crearse entonces una variable sintética que abarque toda la información contenida en cada una de las preguntas realizadas (véase Silva, 1977, cap. 4).

Estas tres opciones pueden emplearse para eliminar el efecto de multicolinealidad pero, además, pueden resultar útiles cuando se necesita reducir en el análisis el número de variables independientes debido a un insuficiente tamaño de muestra.

4.8. Monotonía

Un problema a nuestro juicio insuficientemente enfatizado concierne al hecho de que, para que la RL tenga un sentido claro, las variables independientes deben tener una relación monótona con la probabilidad del evento que se estudia. Esto quiere decir que la relación entre cada variable X y $P(Y = 1)$ tiene que ser o bien directa o bien indirecta. Dicho de otro modo: debe evitarse que X sea tal que $P(Y = 1)$ aumente con X para cierto recorrido de valores y disminuya para otro recorrido de valores de X.

Este fenómeno indeseable se produce, por ejemplo, con la edad de la madre (X) y la probabilidad de que el hijo sea "de bajo peso"[19]. En esa situación $P(Y = 1)$ disminuye en la medida que X se acerca desde la izquierda al intervalo [18;35], y vuelve a crecer para edades superiores a 35 (madres añosas).

En una situación como ésta, lo que interesa evaluar (o controlar) no es la edad de la madre como tal sino más bien la distancia entre la edad real y la "edad óptima". Si se admite que 25 años es la edad óptima para el parto, en lugar de X, podría usarse la edad corregida: $XC = |X - 25|$.

Si se considera que cualquier punto del intervalo [18;34] es igualmente aceptable, podría hacerse una definición algo más elaborada; por ejemplo la siguiente:

---

[19] O sea, que pese menos de 2.500 gramos al nacer.

$$X_C = \begin{cases} 18 - X & \text{si} \quad X < 18 \\ 0 & \text{si} \quad 18 \leq X \leq 34 \\ X - 34 & \text{si} \quad X > 34 \end{cases}$$

Consideremos el estudio de una cohorte de 8012 embarazadas cuyas edades se ubican entre los 14 y los 41 años. La Tabla 4.8 refleja la distribución de las madres según edades simples y las tasas de incidencia de bajo peso en cada una de esas edades.

Si se ubican las tasas de bajo peso por edades en un gráfico, se observa que el patrón de modificación de la probabilidad (en este caso empírica) de ser un bajo peso dista de ser monótono como función de la edad.

TABLA 4.8. *Distribución de una cohorte de embarazadas según edades simples y tasas de prevalencia (%) de bajo peso.*

Edad	No de embarazada	No de bajo peso	Tasa de bajo peso	Edad	No de embarazada	No de bajo peso	Tasa de bajo peso
14	46	19	41,3	28	490	42	8,6
15	83	22	26.5	29	372	39	10,4
16	125	31	24,8	30	311	35	11,3
17	264	38	14,4	31	287	37	12,9
18	312	37	11,8	32	200	29	14,5
19	394	40	10,1	33	210	36	17,1
20	420	39	9,3	34	192	27	14,1
21	514	46	8,9	35	108	16	14,8
22	487	44	9,0	36	97	16	16,5
23	501	39	7,8	37	101	20	19,8
24	512	48	9,4	38	82	21	25,6
25	623	55	8,8	39	76	23	30,3
26	618	63	10,2	40	50	24	48,0
27	511	60	11,7	41	26	17	65,3

Si se aplica la RL univariada[20], esta técnica fluye bien desde el punto de vista formal, pero al dibujar la curva se aprecia que el ajuste a los datos empíricos es pésimo, tal y como permite ver la Figura 4.1. Nótese, no obstante, la ductilidad de la curva; en este caso la función logística se "estira" en ese tramo hasta semejar una línea recta[21].

[20] El lector puede, con los datos de la Tabla, realizar el ajuste usando SPSS.

[21] Incidentalmente, este hecho subraya un rasgo de la RL que en ocasiones no ha sido bien comprendido. Recientemente, un árbitro de una revista –al examinar un trabajo en que se hacía un ajuste logístico– se preguntaba si el autor tenía moti-

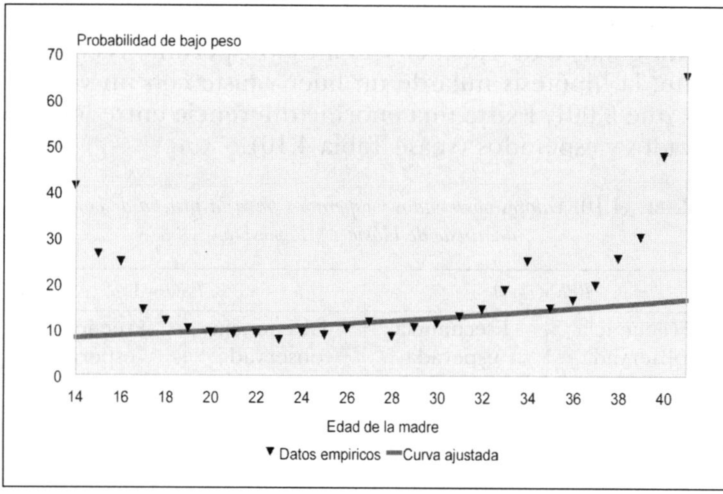

FIGURA 4.1. *Datos teóricos y empíricos para el ajuste de la probabilidad de bajo peso en función de la edad de la madre.*

Por otra parte, los resultados relevantes del ajuste se muestran en la Tabla 4.9.

TABLA 4.9. *Estimación del modelo con la variable* BPESO *y* EDAD

Variables	Estimación	$SE(\beta)$	Z_{Wald}	$\exp(\beta)$	IC para $\exp(\beta)$	
					Inferior	Superior
Constante	$\alpha = -2{,}83$					
EDAD	$\beta_1 = 0{,}03$	0,006	5,0	1,033	1,021	1,046

A juzgar por el valor de Z_{Wald}, en principio, y puesto que éste indica que el coeficiente es "significativamente" no nulo, se diría que "la edad materna influye positivamente en la probabilidad de ocurrencia de un bajo peso" lo cual es falso, tanto teórica como empíricamente para un tramo de la vida.

---

vos para creer que la estructura de sus datos era simétrica, requerimiento a su juicio necesario en virtud del carácter simétrico de la función logística que se ajustaba. Tal inquietud carece de todo sentido, pues lo que normalmente se ajusta es un tramo de la función, que usualmente no incluye siquiera al punto de inflexión de la curva, aquél respecto del cual ella es simétrica.

El elevado valor de la Ji-cuadrada ($\chi^2 = 151{,}6$) de la prueba de bondad de ajuste de Hosmer y Lemeshow permite rechazar, claramente, la hipótesis nula de un buen ajuste con un valor de p menor que 0,001. Existe una enorme diferencia entre los valores observados y esperados (véase Tabla 4.10).

TABLA 4.10. *Valores observados y esperados para la prueba de bondad de ajuste de Hosmer y Lemeshow.*

BPESO = 0		*BPESO* = 1	
Frecuencia observada	Frecuencia esperada	Frecuencia observada	Frecuencia esperada
27	42,087	19	3,913
61	75,726	22	7,274
94	113,714	31	11,286
226	239,445	38	24,555
275	282,108	37	29,892
354	355,121	40	38,879
381	377,318	39	42,682
468	460,212	46	53,788
443	434,526	44	52,474
4720	4668,740	647	698,260

Si se aplicara la segunda variante de modificación para el manejo de la edad materna, a partir de la Tabla 4.7 se puede construir la Tabla 4.11.

TABLA 4.11. *Distribución de una cohorte de embarazadas según edad corregida y tasas de prevalencia (%) de bajo peso.*

Edad corregida	No de embarazadas	No de niños con bajo peso	Tasa de niños con bajo peso
0	6,954	716	10,2
1	372	54	14,5
2	222	47	21,2
3	184	42	22,8
4	128	40	31,2
5	76	23	30,3
6	50	24	48,0
7	26	17	63,3

Los datos relevantes al ajustar la probabilidad de bajo peso en función de la edad corregida (*EDADC*) aparecen en la Tabla 4.12.

TABLA 4.12. *Estimación del modelo con la variable* BPESO *y* EDADC.

Variables	Estimación	$SE(\beta)$	Z_{Wald}	$\exp(\beta)$	IC para $\exp(\beta)$	
					Inferior	Superior
Constante	$\alpha = 2{,}16$					
EDAD	$\beta_1 = 0{,}34$	0,024	14,3	1,402	1,339	1,469

Aquí el valor de la Ji-cuadrada ($\chi^2 = 4{,}67$) de la prueba de bondad de ajuste de Hosmer y Lemeshow no logra rechazar la hipótesis nula de un buen ajuste con un valor de p mayor a 0,05 (p = 0,587). La diferencia entre los valores observados y esperados es pequeña (véase Tabla 4.13).

TABLA 4.13. *Valores observados y esperados para la prueba de bondad de ajuste de Hosmer y Lemeshow.*

BPESO = 0		*BPESO* = 1	
Frecuencia observada	Frecuencia esperada	Frecuencia observada	Frecuencia esperada
6238	6234,724	716	719,276
318	320,197	54	51,803
175	180,946	47	41,054
142	139,587	42	44,413
88	88,508	40	39,492
53	46,748	23	29,252
26	26,631	24	23,369
9	11,656	17	14,344

La Figura 4.2 refleja las tasas empíricas y el ajuste realizado. La calidad del ajuste, como se aprecia claramente, es satisfactoria y –en cualquier caso– abismalmente mejor que la conseguida con la edad sin modificar.

Otra alternativa para lograr un mejor ajuste de los datos es adicionar un término cuadrático al modelo. Las estimaciones de los

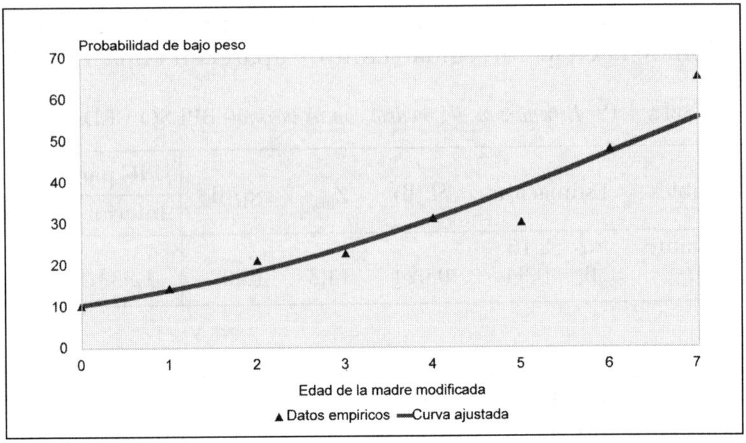

FIGURA 4.2. *Datos teóricos y empíricos para el ajuste de la probabilidad de bajo peso en función de la edad corregida de la madre.*

parámetros para la probabilidad de bajo peso en función de la edad original y el término cuadrático de la edad aparecen en la Tabla 4.14.

TABLA 4.14. *Estimación del modelo con la variable* EDAD *y su trasformación cuadrática.*

Variables	Estimación	exp(β)	IC para exp(β)	
			Inferior	Superior
Constante	$\alpha = 3{,}81$			
EDAD	$\beta_1 = -4{,}81$	0,617	0,569	0,668
*EDAD*EDAD*	$\beta_2 = 0{,}01$	1,010	1,008	1,011

Al ajustar este modelo se aprecia un buen ajuste pues el valor de la Ji-cuadrada ($\chi^2 = 9{,}99$) de la prueba de bondad de ajuste de Hosmer y Lemeshow no permite rechazar la hipótesis nula con un valor de p mayor a 0,05 ($p = 0{,}266$). En la Tabla 4.15 se muestran las pequeñas diferencias entre los valores observados y esperados.

TABLA 4.15. *Tabla de contingencia para la prueba de bondad de ajuste de Hosmer y Lemeshow.*

BPESO = 0		*BPESO* = 1	
Frecuencia observada	Frecuencia esperada	Frecuencia observada	Frecuencia esperada
568	568,532	55	54,468
555	563,925	63	54,075
464	466,491	48	45,509
451	465,470	60	45,530
462	454,940	39	46,060
448	444,769	42	45,231
443	439,892	44	47,108
333	335,814	39	36,186
468	460,803	46	53,197
2857	2848,359	527	535,641

La Figura 4.3 muestra el ajuste logrado por el modelo a los datos:

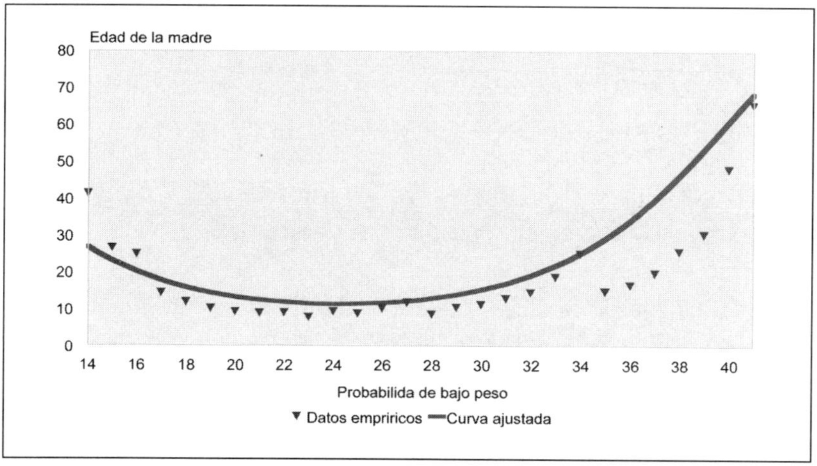

FIGURA 4.3. *Datos teóricos y empíricos para el ajuste de la probabilidad de bajo peso en función de la edad y el término cuadrático de la edad de la madre.*

V

OTROS ASPECTOS RELACIONADOS CON LA INTERPRETACIÓN DE LOS PARÁMETROS

5.1. Introducción

El presente capítulo aborda diversos temas útiles para interpretar adecuadamente lo que constituye el núcleo de todo ajuste logístico: los parámetros del modelo. Se trata de situaciones relativamente especiales cuya interpretación demanda de ciertas cautelas o exige precisiones conceptuales. Entre ellos se encuentra la interpretación de los parámetros para variables no cuantitativas, para situaciones en que se quiere evaluar la interacción o confusión, así como la valoración del peso relativo de las variables dentro del modelo.

5.2. Variables *dummy* en el marco de la regresión logística

Cuando alguna de las variables independientes es de índole cualitativa o nominal, su inclusión entre las covariables consideradas en el modelo de RL exige un tratamiento especial.

Puesto que el entorno en que se inscribe el problema de la RL –tal y como ocurre en otros tipos de regresión– es cuantitativo, resulta inaceptable hacer intervenir de manera directa a las variables cualitativas o nominales entre las que integran el perfil de entrada. Sin embargo, es obvio que rasgos tales como la raza, la religión que se profesa o el grupo sanguíneo, podrían ser modificadores de la probabilidad de ocurrencia de un suceso. Por tanto, resultan ser con frecuencia variables cuya incorporación en el análisis resulta conveniente y, ocasionalmente, insoslayable.

Un primer impulso podría conducir a la asignación de números a las diversas categorías de una variable de este tipo; por ejemplo, para el grupo sanguíneo se podría hacer una asignación como la siguiente:

Tipo de sangre	Valor de la variable
A	1
B	2
AB	3
O	4

Pero tal "solución" resulta inadmisible, ya que el algoritmo para estimar los parámetros de la RL interpretaría que, por ejemplo, tener sangre tipo AB es tres veces mayor que tener sangre tipo A, lo cual es absurdo.

La solución que se le da a este problema no es única. Lemeshow y Hosmer (1989) manejan varias posibilidades, en especial la que parece más simple y natural (es la que emplea por defecto SPSS), objeto de la siguiente explicación.

Supongamos que la variable consta de C categorías; deben crearse entonces C-1 variables dicotómicas: las llamadas *variables dummy*[22], a las que denotaremos $Z_1, Z_2, \cdots, Z_{c-1}$. A cada categoría o clase de la variable nominal le corresponde un conjunto de valores de los Z_i con el cual se identifica dicha clase.

La manera más usual de definir estas variables es la siguiente: si el sujeto pertenece a la primera categoría, entonces las C-1 variables *dummy* valen 0: se tiene $Z_1 = Z_2 = \cdots = Z_{c-1} = 0$; si el sujeto se halla en la segunda categoría, entones $Z_1 = 1$ y las restantes valen 0; Z_2 vale 1 sólo para aquellos individuos que están en la tercera categoría, en cuyo caso las otras variables asumen el valor 0, y así sucesivamente hasta llegar a última categoría, para la cual Z_{c-1} es la única que vale 1.

En cualquier caso, si se ajusta un modelo que incluya una variable nominal con C clases, ésta debe ser sustituida por las $C - 1$ variables *dummy*, y a cada una de ellas corresponderá su respectivo coeficiente.

Para discutir la interpretación de tales coeficientes, imaginemos una situación concreta. Veamos un caso donde se opera con una variable independiente categórica o nominal en la que la asignación propiamente numérica no resulta en absoluto razonable. Supongamos que se conocen las frecuencias de casos positi-

---

[22] En algunos textos se ha traducido esta expresión como "variables de diseño" o "variables indicadoras". Aquí se asumirá el término "dummy" con el que se ha acuñado en la literatura sajona.

vos a cierto virus en respectivas muestras de cuatro zonas (Norte, Sur, Este y Oeste) de una región. Estos datos se recogen en la Tabla 5.1.

TABLA 5.1. *Resultados sobre presencia de anticuerpos inherentes a cierto virus según zona de una región.*

ZONA	Tamaño muestreal	Número de positivos	Tasa de prevalencia
Norte	667	211	0,3163
Sur	958	201	0,2098
Este	155	98	0,6323
Oeste	454	187	0,4119
Total	2234	697	0,3120

En lugar de manejar la variable *ZONA* como si fuera ordinal (por ejemplo asignando los valores 0, 1, 2 y 3 a las sucesivas zonas) ella se "transforma" en tres variables *dummy* como se resume en la Tabla 5.2.

TABLA 5.2. *Construcción de variables* dummy *para la variable* ZONA.

Zonas	Z_1	Z_2	Z_3
Norte	0	0	0
Sur	1	0	0
Este	0	1	0
Oeste	0	0	1

Para modelar la probabilidad de infección al virus en dependencia a la zona geográfica de residencia se puede ajustar el siguiente modelo de regresión.

$$P(Y=1)=\frac{1}{1+\exp(-\alpha-\beta_1 Z_1-\beta_2 Z_2-\beta_3 Z_3)} \qquad [5.1]$$

Si la RL tuviera la capacidad modeladora que cabe esperar y si el manejo de variables *dummy* en el caso de variables nominales fuera, en efecto, una opción atinada, entonces el modelo resultante debería producir estimaciones aceptables de las tasas para cada zona (ya que éstas no son otra cosa que expresiones empíricas de la probabilidad que tiene un sujeto de ser positivo). Al aplicar un programa adecuado para la estimación de la RL (véase Sección 6.5), se obtienen los resultados de la Tabla 5.3.

TABLA 5.3. *Estimación del modelo para la variable ZONA.*

Variables	Estimación	exp(β)	IC para exp(β)	
			Inferior	Superior
Intercepto	$\alpha = -0{,}771$			
Zona(1)	$\beta_1 = -0{,}555$	0,574	0,458	0,719
Zona(2)	$\beta_2 = 1{,}313$	3,716	2,579	5,352
Zona(3)	$\beta_2 = 0{,}414$	1,514	1,181	1,940

Se puede apreciar que el *odds ratio* calculado a partir de la tabla de 2 × 2 que puede formarse usando los números de casos positivos y negativos solo en las zonas Sur y Norte (Tabla 5.4) coincide con el exponencial de β_1.

TABLA 5.4. *Tabla de 2 × 2 de casos positivos a la presencia de cierto virus según zona geográfica.*

	Sur	Norte
Y = 1	201	211
Y = 0	757	456

$$\textit{Odds ratio} = \frac{201 \times 456}{211 \times 757} = 0{,}574$$

Lo mismo se obtiene si se opera con las tasas de casos positivos en la zona Sur (0,209819) y en la Norte (0,31634):

$$RPC = \frac{0{,}20981 \big/ 0{,}79019}{0{,}31634 \big/ 0{,}68366} = 0{,}574$$

Análogamente ocurre para las restantes zonas. Así, el valor del exponencial del coeficiente β de la segunda variable *dummy* corresponde al *odds ratio* de que ocurran casos positivos al virus en la zona Este respecto a los que pueden ocurrir en la zona Norte (categoría de referencia). Consecuentemente, podemos decir que es casi 4 veces más probable (*OR* =3,716) que se produzcan casos positivos en la zona Este que en la zona Norte. De la misma manera el $OR = 1{,}514$ indica que es casi un 50% más probable que se produzcan casos positivos en la zona Oeste que en la zona Norte.

Examinemos ahora el modelo ajustado. Puesto que el modelo estimado es:

$$P(\mathrm{Y}=1)=\frac{1}{1+\exp\,(0{,}771+0{,}555\mathrm{Z}_1-1{,}313\mathrm{Z}_2-0{,}414\mathrm{Z}_3)}$$

para el caso de un sujeto de la zona Norte (es decir, para un sujeto para el cual las tres variables *dummy* valen cero, $\mathrm{Z}_1 = \mathrm{Z}_2 = \mathrm{Z}_3 = 0$) tendremos:

$$P(\mathrm{Y}=1)=\frac{1}{1+\exp\,(0{,}771)}=0{,}3163$$

Para los sujetos de la zona Sur ($\mathrm{Z}_1=1$ y $\mathrm{Z}_2=\mathrm{Z}_3=0$) la estimación del modelo será:

$$P(\mathrm{Y}=1)=\frac{1}{1+\exp\,(0{,}771+0{,}555)}=0{,}2098$$

y para los de la zona Este:

$$P(\mathrm{Y}=1)=\frac{1}{1+\exp\,(0{,}771-1{,}313)}=0{,}6323$$

Finalmente, para los sujetos de la zona Oeste el modelo arroja la estimación:

$$P(\mathrm{Y}=1)=\frac{1}{1+\exp\,(0{,}771-0{,}414)}=0{,}4119$$

El resultado es notable, pues las estimaciones obtenidas por esta vía coinciden *exactamente* con las que se resumieron en la Tabla 5.1.

La Tabla 5.5 muestra los resultados de la prueba de bondad de ajuste de Hosmer y Lemeshow de este modelo, el valor de la χ^2 es nulo y el de la probabilidad asociada es igual a 1. Estos resultados revelan un ajuste perfecto del modelo. Se puede afirmar que las variables *dummy* tienen una potencialidad modeladora cabal y consistente cuando se incorporan en el análisis de regresión logística.

TABLA 5.5. *Valores observados y esperados para la prueba de bondad de ajuste de Hosmer y Lemeshow.*

BPESO = 0		*BPESO* = 1		
Frecuencia observada	Frecuencia esperada	Frecuencia observada	Frecuencia esperada	Total
757	757	201	201	958
456	456	211	211	667
267	267	187	187	454
57	57	98	98	155

Aún nos puede quedar una inquietud con relación al empleo de las variables *dummy*. ¿Qué pasa si una variable nominal es tratada como una variable ordinal? ¿Importa el orden en el momento de asignarles los valores? Veamos qué sucede.

Si se asignan valores a las categorías (por ejemplo, 1 si el sujeto es de la zona Norte, 2 para el Sur, 3 en el caso del Este y 4 para el Oeste, a lo que llamamos Orden 1) las estimaciones de los parámetros de este modelo de regresión logística son las que muestra la Tabla 5.6. La prueba de bondad de ajuste de Hosmer y Lemeshow se exhibe en la Tabla 5.7. Para este modelo la χ^2 de Hosmer y Lemeshow es enorme: 104,69 con dos grados de libertad.

TABLA 5.6. *Estimación del modelo para la variable ZONA tratada como si fuera cuantitativa según el Orden 1.*

Variables	Estimación	exp(β)	Intervalo de confianza para exp(β)	
			Inferior	Superior
Constante	$\alpha = -1{,}336$			
Zona	$\beta = 0{,}245$	0,262	1,176	1,387

TABLA 5.7. *Valores observados y esperados para la prueba de bondad de ajuste de Hosmer y Lemeshow (modelo de la tabla 5.6).*

BPESO = 0		*BPESO* = 1		
Frecuencia observada	Frecuencia esperada	Frecuencia observada	Frecuencia esperada	Total
456	499	211	168	667
757	670	201	288	958
57	100	98	55	155
267	267	187	187	454

Aparte de la obvia discrepancia que se aprecia entre los valores observados y los esperados en la tabla de contingencia para la prueba de bondad de ajuste de Hosmer y Lemeshow, pueden apreciarse a continuación las diferentes estimaciones que se obtienen por medio de este modelo.

El modelo estimado es:

$$P(\mathrm{Y}=1)=\frac{1}{1=\exp\left(1{,}336-0{,}245(ZONA)\right)}$$

Con este modelo se puede estimar la probabilidad de desarrollar el virus según zona geográfica a la que pertenezcan los sujetos (véase Tabla 5.8).

TABLA 5.8. *Probabilidad de desarrollar el virus según zona geográfica para el modelo del Orden 1.*

ZONA	Probabilidad de desarrollar el virus
Norte (1)	0,251
Sur (2)	0,300
Este (3)	0,354
Oeste (4)	0,412

Ahora, si invertimos los valores entre las zonas Norte y Sur de la manera siguiente, 1 si es la zona Sur, 2 para el Norte, 3 en caso del Oeste y 4 para el Este, (al que llamaremos Orden 2) la estimación de los parámetros de este modelo de regresión logística sería la que se muestra en la Tabla 5.9 y su prueba de bondad de ajuste de Hosmer y Lemeshow la que aparece en la Tabla 5.10. Aquí el valor de la χ^2 es pequeño (χ^2 =3,508) pero sigue siendo "significativo".

TABLA 5.9. *Estimación del modelo para la variable ZONA tratada como si fuera cuantitativa según el Orden 2.*

Variables	Estimación	exp(β)	Intervalo de confianza para exp(β)	
			Inferior	Superior
Constante	$\alpha = -1{,}898$			
Zona	$\beta = 0{,}554$	0,150	1,582	1,917

TABLA 5.10. *Valores observados y esperados para la prueba de bondad de ajuste de Hosmer y Lemeshow (modelo de la Tabla 5.9).*

BPESO = 0		*BPESO* = 1		Total
Frecuencia observada	Frecuencia esperada	Frecuencia observada	Frecuencia esperada	
757	760	201	198	958
456	459	211	208	667
267	253	187	201	454
57	65	98	90	155

La probabilidad para desarrollar el virus estimada con el modelo: $P(Y=1)=\dfrac{1}{1+\exp\left(1{,}898-0{,}554(ZONA)\right)}$ se muestra en la Tabla 5.11.

TABLA 5.11. *Probabilidad de desarrollar el virus según zona geográfica para el modelo del Orden 2.*

ZONA	Probabilidad de desarrollar el virus
Norte (1)	0,207
Sur (2)	0,312
Este (3)	0,441
Oeste (4)	0,579

En resumen, las estimaciones realizadas por las cuatro vías pueden verse en la Tabla 5.12.

TABLA 5.12. *Estimaciones de la probabilidad de infección a cierto virus según tres modelos de regresión logística.*

Zonas	Tasas	Modelo con *dummy*	Modelo con *ZONA* categorizada de forma ordinal (Orden 1)	Modelo con *ZONA* categorizada de forma ordinal (Orden 2)
Norte	0,3163	0,3163	0,2514	0,3124
Sur	0,2098	0,2098	0,3002	0,2069
Este	0,6323	0,6323	0,3539	0,4418
Oeste	0,4119	0,4119	0,4117	0,5795

Estos resultados ponen de manifiesto que el orden que se le asigne a las categorías de las variables nominales modifica crucialmente las estimaciones. Además, obsérvese que las probabilidades estimadas con el modelo que utiliza las variables *dummy* coincide *exactamente* con las tasas, hecho que habla a favor de su uso. Hay que destacar que los resultados pueden resultar desastrosos, como ya se vio, cuando se tratan como ordinales las variables nominales.

Consideraremos ahora un problema concreto de investigación. Se evalúa el efecto del grupo sanguíneo en el posible padecimiento de cierta dolencia hematológica; para ello se desarrolló una observación prospectiva en la que se incluyeron dos variables independientes: el grupo sanguíneo (manejado a través del enfoque de variables *dummy*, como aparece en la Tabla 5.13) y el factor *RH* (codificado como 1 cuando el *RH* es negativo y como 0 si es positivo) como covariable que se quería controlar.

TABLA 5.13. *Construcción de variables dummy para la variable "grupo sanguíneo".*

Variable nominal (grupo sanguíneo)	Z_1	Z_2	Z_3
O	0	0	0
A	1	0	0
B	0	1	0
AB	0	0	1

Imaginemos que, realizada la observación a 1094 sujetos, se obtuvo la información contenida en la Tabla 5.14.

TABLA 5.14. *Datos hipotéticos correspondientes a 1094 pacientes distribuidos según grupo sanguíneo, factor RH y condición patológica.*

Grupo de sangre	Respuestas			
	Enfermo (1) *RH*		No enfermo (0) *RH*	
	−(1)	+(0)	−(1)	+(0)
O	50	60	26	48
A	200	30	100	10
B	150	60	75	19
AB	100	64	52	50

Al ajustar una regresión logística a estos datos, se obtienen los siguientes resultados:

Grupo sanguíneo				
Intercepto	Z_1	Z_2	Z	*RH*
$\alpha = 0{,}374$	$b_1 = 0{,}316$	$b_2 = 0{,}390$	$b_3 = 0{,}070$	$b_4 = 0{,}053$

La probabilidad de padecer la enfermedad sería, por tanto, igual a:

$$P(\mathrm{Y}=1)=\frac{1}{1+\exp(-0{,}374-0{,}316\mathrm{Z}_1-0{,}390\mathrm{Z}_2-0{,}070\mathrm{Z}_3-0{,}053\mathrm{RH})} \quad [5.2]$$

Por ejemplo, para un sujeto con *RH* negativo (*RH* =1) y sangre tipo B (Z_1=0, Z_2=1, Z_3=0), [5.2] se reduce a:

$$P(\mathrm{Y}=1)=\frac{1}{1+\exp(-0{,}374-0{,}390-0{,}053)}=0{,}694$$

Si se tratara de un individuo con *RH* positivo (*RH*=0) y sangre tipo O (Z_1=0, Z_2=0, Z_3=0), la probabilidad de padecer la enfermedad sería:

$$P(\mathrm{Y}=1)=\frac{1}{1+\exp(-0{,}374)}=0{,}592$$

¿Qué significado tiene en este caso el exponencial de los coeficientes de la RL? En el caso de factor *RH*, no hay mucho que añadir a lo ya dicho, pues se trata de una variable dicotómica común y corriente:

$$\exp(b_4) = \exp(0{,}053) = 1{,}05$$

Quiere esto decir que, controlado el efecto del grupo sanguíneo[23], se estima que la razón de *odds* asociada al factor *RH* es de 1,05 (o que tener factor *RH* negativo aumenta el riesgo en un 5% respecto de tenerlo positivo, independientemente del grupo sanguíneo).

Ahora bien, ¿cuál es la interpretación, por ejemplo, de $\exp(b_2)$? Este número refleja la razón de los *odds* correspondientes a tener sangre B respecto al correspondiente a tener sangre O, supuesto que se haya controlado el factor *RH*. En este caso:

$$\exp(b_2) = \exp(0{,}39) = 1{,}48$$

Es decir, tener sangre B aumenta el riesgo en un 48% respecto de tener sangre O con independencia del factor *RH*. En general, el exponencial del coeficiente correspondiente a una de las variables *dummy* estima la magnitud en que aumenta el riesgo de tener la condición asociada al caso en que dicha variable *dummy* vale 1, respecto del que supone tener la condición **que se haya adoptado como referencia**[24] cuando se mantienen constantes (bajo control) el resto de las covariables.

---

[23] Adviértase que controlar el grupo sanguíneo equivale a controlar Z_1, Z_2 y Z_3 simultáneamente. Carecería de sentido ajustar un modelo en que solo figure una parte de las variables *dummy* que se derivan de una variable nominal.

[24] Aquélla que corresponde al caso en que todas las variables *dummy* valen 0.

5.3. Variables ordinales en la regresión logística

Una situación que merece comentario especial es la de las variables independientes definidas en escala ordinal. Tal es el caso, por ejemplo, cuando se clasifica la opinión de un paciente sobre la atención recibida en una de las cinco siguientes categorías: MUY SATISFECHO, SATISFECHO, NORMAL, INSATISFECHO, MUY INSATISFECHO.

Aunque puede resultar polémico, en este caso es posible transformar la escala a nivel cuantitativo. Podrían, por ejemplo, atribuirse los valores 1, 2, 3, 4 y 5 a las categorías respectivas, y tratar en lo sucesivo a esta variable como una dimensión cuantitativa más. Desde luego, tal maniobra asume que la "distancia" entre categorías contiguas es la misma; se trataría de una decisión operativa cuya validez reposa en el sentido común del investigador.

En nuestra opinión, expresiones de "audacia metodológica" como esta no deben ser desincentivadas salvo que haya objeciones fundadas, a fin de no crear (o consolidar) un clima de parálisis, acaso más pernicioso que las consecuencias derivadas de admitir supuestos informales como el que subyace en la propuesta precedente.

Autores como Siegel (1956) y otros en trabajos más recientes como, Twaite y Monroe (1979) y Townsend y Ashby (1984) hacen "prohibiciones" en torno al uso de medidas estadísticas como la media o la desviación estándar con datos de una escala ordinal, apoyados en las sugerencias planteadas por Stevens (1951). Sus alegaciones se basan en el hecho de que las escalas ordinales suponen el conocimiento de algo más que el mero orden jerárquico. Sin embargo, una cosa es la recomendación de que, al hacer la traslación de las escalas ordinales al terreno numérico, no se violente el sentido común; pero otra muy diferente que se prohíba usar un método porque la escala original no cumpla tal o cual condición.

Como señaló Lord (1953) en un breve pero esclarecedor trabajo critico: "Los números no saben de dónde vienen". Quiere decir: tome usted toda la precaución del caso y asuma su responsabilidad al hacer la cuantificación pero, una vez realizada, está libre de dar a los datos el tratamiento estadístico que le parezca mejor. En la misma línea razona Boneau (1961) cuando opina que "los números asignados mediante el proceso de medición constituyen un problema de medición, no un problema estadístico".

John Gaito, estadístico de la York University, ha venido insistiendo en una serie de sucesivos trabajos a lo largo de por lo menos 25 años (Gaito, 1960, 1980, 1986; Gaito y Yokubynas, 1984) en la necesidad de sacudirse de esta absurda coyunda.

Por otra parte, en diversos contextos se ha corroborado que los resultados finales suelen ser básicamente los mismos, independientemente incluso de cuáles sean los valores que se atribuyan a las diferentes categorías. Una discusión elocuente y especialmente clara en esta dirección puede hallarse en el trabajo de Moses y cols. (1984). Otro análisis detallado se desarrolla en el libro de Streiner y Norman (1989) sobre construcción de escalas para la medición en salud, autores que concluyen sus reflexiones sobre el tema que nos ocupa afirmando que, desde un punto de vista pragmático, no cabe esperar sesgos como consecuencia del tratamiento cuantitativo de datos ordinales. En cualquier caso, las variables ordinales siempre pueden manejarse del mismo modo que se ha explicado para las nominales; es decir, empleando variables *dummy*, aunque en tal caso se incurre, obviamente, en una pérdida de información.

5.4. Interacción y confusión en regresión logística

Confusión e *interacción* son dos conceptos de alto interés metodológico, muy relacionados con los propósitos del análisis de regresión.

Ambas nociones están involucradas con el efecto de dos o más variables adicionales sobre una asociación que se está evaluando. Estas variables adicionales son consideradas variables de control, covariables o variables extrañas. Las preguntas esenciales acerca de estas variables son si deben ser incorporadas en el modelo, y en tal caso cómo, para que sean consideradas en la estimación de la asociación de interés.

En general, se produce un efecto de confusión atribuible a una "variable extraña" cuando la medida de la relación de interés difiere en dependencia de que la variable extraña sea ignorada o incluida en el análisis. En la práctica, la evaluación de la confusión requiere de una comparación entre la estimación cruda de la asociación (cuando se ignora el factor extraño) y la estimación ajustada de la asociación (cuando se toma en consideración de alguna manera dicha variable extraña). Si las estimaciones cruda y ajustada se diferencian apreciablemente, entonces, se considera que está presente el efecto de confusión y por ende una o más variables extrañas deben ser contempladas en el análisis de los datos.

En la fase de análisis, como ya se discutió, el método más clásico para obtener valores ajustados de medidas de asociación pasa por el cómputo de dicha asociación dentro de cada categoría de la presunta variable de confusión (Sección 1.8). Es fácil comprender, sin embargo, que, cuando se quieren considerar varios factores de confusión simultáneamente, llegamos rápidamente a una situación donde el número de sujetos es insuficiente para poder realizar estimaciones válidas en los estratos. Por ejemplo, consideremos que se quiere estimar la asociación del consumo de alcohol con la cirrosis hepática pero controlando el posible papel confusor de 4 variables: sexo (2 categorías), grupo de edades (con 5 categorías) hábito de fumar (3 categorías) y antecedentes patológicos familiares (con 3 categorías); tendríamos 180 celdas posibles, (resultado de contemplar los $2 \times 5 \times 3 \times 3 = 90$ perfiles posibles para cada uno de los 2 desenlaces) de modo que haría falta una muestra del orden de varios miles si se quisiera tener unas pocas decenas en cada estrato o celda). Una opción mucho más factible y más eficiente para considerar el papel de la confusión de diversas variables simultáneamente es el análisis multivariado.

Por otra parte, como se expuso en la sección 1.7, el efecto de interacción es el que se produce cuando la relación de interés varía en dependencia de que se opere con uno u otro nivel de la variable extraña. A diferencia de lo que se hace para controlar el efecto de confusión, la interacción no se verifica comparando la estimación cruda con la ajustada sino que se concentra en caracterizar la relación de interés en cada uno de los diferentes niveles de la variable extraña.

El análisis está generalmente encaminado entonces a *eliminar* la confusión y a *descubrir* la interacción o la modificación del efecto.

Según Kleinbaum, Kupper, Muller y Nizan (1998) "la interacción debe ser descrita antes que el efecto de confusión sea controlado y el uso de medidas de resumen ajustadas para el control del efecto de confusión se recomienda sólo cuando no existe efecto de interacción".

5.4.1. *Interacción en regresión logística*

Para describir e ilustrar de manera elocuente la interacción en un modelo de la regresión logística, consideremos un modelo donde $k = 2$:

$$P(Y=1)=\frac{1}{1+\exp(-\alpha-\beta_1X_1-\beta_2X_2)}$$

Puede ocurrir que se estime conveniente incorporar una tercera variable que represente ***el producto de las ya incluidas***, de modo que el modelo ampliado sería:

$$P(Y=1)=\frac{1}{1+\exp(-\alpha-\beta_1X_1-\beta_2X_2-\lambda X_1X_2)} \qquad [5.3]$$

El coeficiente λ representa el efecto de la llamada *interacción* de X_1 y X_2 sobre $P(Y=1)$. Tal maniobra procede en caso de que se sospeche que la influencia de X_1 sobre $P(Y=1)$ se modifique en función de cuál sea el valor de X_2 o viceversa. Por ejemplo, un insuficiente consumo de calcio puede aumentar la probabilidad de que una embarazada tenga un niño con "bajo peso" (menos de 2500 gramos); pero tal efecto puede ser más acusado si se trata de una fumadora que en caso contrario. Nótese que lo que se está diciendo no es que la probabilidad de una fumadora sea mayor que la de una mujer que no fuma. Esto puede ser cierto, pero lo que se valora es si el efecto de la carencia de calcio es mayor en el primer caso que en el segundo.

En tal caso, se dice que el hábito de fumar es un *modificador del efecto* que produce el consumo de calcio. Entonces, además de dicho consumo y del hábito de fumar, podría ser útil incorporar el producto de ambos a los efectos de estudiar la probabilidad de que el niño nazca con bajo peso.

Naturalmente, esta idea puede extenderse a más variables. Podrían incorporarse términos que involucren a 3 o más de ellas. Una regla general que se ha dado es que si en un ajuste se incluye un término de cierto orden, se incluyan entonces todos los de orden inferior. Por ejemplo, si se incluye el término $X_1X_2X_3$, de orden 3, entonces se deben incluir todos los de orden 2: X_1X_2, X_1X_3 y X_2X_3, además de X_1, X_2 y X_3. De no hacerse de ese modo, la interpretación de los parámetros se torna, cuando menos, muy confusa. Debe señalarse, sin embargo, que la inclusión de interacciones que involucran a más de dos variables, es muy infrecuente en la práctica. Teóricamente, es posible y puede ser fructífero, pero compromete la parsimonia de los modelos y el aporte práctico que entraña no suele ser muy trascendente.

Detengámonos, ahora, en la interpretación de los parámetros cuando se han incluido interacciones. Si nos circunscribimos al caso más simple, el que se refleja en la expresión [5.3], se aprecia que el coeficiente de X_1 no es ahora constante sino que depende de X_2. Concretamente, puesto que se cumple la siguiente relación

$$\alpha + \beta_1 X_1 + \beta_2 X_2 + \lambda\ X_1 X_2 = \alpha + (\beta_1 + \lambda X_2) X_1 + \beta_2 X_2$$

el grado en que influye el aumento de X_1 en una unidad (es decir, el *odds ratio* asociado a X_2) es igual a: $(\beta_1 + \lambda X_2)$.

Contemplando las propiedades de la función exponencial, se tiene:

$$\exp(\beta_1 + \lambda X_2) = \exp(\beta_1)\exp(\lambda X_2) \qquad [5.4]$$

Para interpretar más fácilmente la expresión [5.4], imaginemos que se ha realizado un estudio para evaluar el problema arriba esbozado: estudiar el efecto del consumo de calcio por parte de una embarazada (*CAL* =1 si el consumo es insuficiente y *CAL* =0 si es adecuado) sobre el hecho de que el niño tenga o no peso por debajo de 2500 gramos (*BP=1* y *BP=0*, respectivamente).

Se sospechaba que el hábito de fumar podía ser un potenciador del efecto negativo atribuible al consumo insuficiente de calcio, especialmente en caso de que la "dosis" de tabaco fuese mayor. Consecuentemente, se registró el hábito de fumar en tres posibles niveles:

HF = 0 si no fumaba.
HF = 1 si fumaba una cajetilla diaria o menos.
HF = 2 si fumaba más de una cajetilla al día.

Finalmente, también se consideró la ganancia de peso durante los primeros cinco meses del embarazo (*GP=1* si estaba por debajo de lo normal y *GP=0* en caso opuesto).

Las variables *CAL*, *HF* y *GP* se registraron al quinto mes del embarazo de 1800 mujeres , y en el momento del parto se registró la variable de respuesta BP. Los resultados se resumen en la Tabla 5.15.

TABLA 5.15. *Distribución de embarazadas según peso del niño en los 12 estratos a que dan lugar las variables consumo de calcio, hábito de fumar y ganancia del peso al quinto mes.*

	BP = 1					
	CAL = 0			*CAL = 1*		
	HF = 0	*HF = 1*	*HF = 2*	*HF = 0*	*HF = 1*	*HF = 2*
GP = 1	59	17	1	3	0	0
GP = 0	717	334	82	176	35	2
	BP = 0					
	CAL = 0			*CAL = 1*		
	HF = 0	*HF = 1*	*HF = 2*	*HF = 0*	*HF = 1*	*HF = 2*
GP = 1	48	56	46	24	63	37
GP = 0	20	32	10	24	12	2

Trabajando con estos datos, se ajustó el siguiente modelo de *RL*:

$$P(BP=1)=\frac{1}{1+\exp\left[-\alpha-\beta_1(CAL)-\beta_2(HF)-\beta_3(GP)-\lambda(CAL)\,(HF)\right]} \qquad [5.5]$$

La Tabla 5.16 recoge los resultados obtenidos.

TABLA 5.16. *Resultado del ajuste logístico de la variable BP en función de CAL, HF y GP correspondiente a los datos de la Tabla 5.13.*

Variables	Estimación del parámetro	Error estándar de la estimación	Z_{Wald}
Intercepto	–2,92		
CAL	1,20	0,214	5,62
HF	1,17	0,114	10,31
GP	2,33	0,188	12,4
(*CAL*) (*HF*)	1,15	0,361	4,43

La Tabla 5.16 aporta, en primer lugar, la corroboración de que el término que representa la interacción tiene un lugar propio en el modelo: la estimación del coeficiente λ es significativamente diferente de cero ($4.43 > 1.96$).

Por otra parte, si se quiere evaluar el riesgo asociado a la ausencia de calcio, la información de la tabla permite computar la fórmula [5.5] para cada valor de *HF*, tal como se hace a continuación:

HF	$\beta_1 + (HF)\lambda$	$\exp[\beta_1 + (HF)\lambda]$
0	1,20	3,32
1	2,35	10,48
2	3,50	33,12

Según este enfoque, el *odds ratio* correspondiente al consumo insuficiente de calcio una vez controlado el efecto de la ganancia de peso, asciende a 3,32 para una mujer no fumadora y es casi 10 veces mayor si se trata de una fumadora de más de una cajetilla.

Debe advertirse que el *HF* se ha tratado, de hecho, como una variable cuantitativa discreta. Pero quizás sea más adecuado manejarla a través de las variables *dummy*. Esta alternativa tiene el atractivo de que no pasa por una decisión subjetiva del investigador: la de dar valores 0, 1 y 2 a las situaciones posibles. En cualquier caso, no será difícil al lector comprobar que el resultado será básicamente el mismo.

Supongamos que se estudia una población de sujetos mayores de 15 años para describir el efecto que sobre la condición de ser hipertenso tiene la edad y el género. Se define la variable Y que registra la condición de ser hipertenso (*HTA*):

$$\mathbf{Y} = \begin{cases} 1, \text{ si es hipertenso} \\ 0, \text{ si el sujeto } \mathbf{no} \text{ es hipertenso} \end{cases}$$

X_1 edad categorizada en grupos de 10 años a la que se atribuyen valores $1,2,3,\cdots,8$ (*EDAD*).

X_2 género, 1 para los hombres, 0 para las mujeres (*SEXO*).

X_1X_2 Efecto de interacción entre la edad y el género *(EDAD) (SEXO)*.

Admitamos que los valores de los parámetros del modelo [5.3] de RL son:

$$\alpha = -3{,}339,\ \ \beta_1 = 0{,}587,\ \ \beta_2 = 0{,}767\ \text{ y }\ \lambda = -0{,}192$$

$$\ln \frac{P}{1-P} = \alpha + \beta_1(EDAD) + \beta_2(SEXO) + \lambda(EDAD)\,(SEXO)$$

La probabilidad de ser hipertenso ($\ln(odds)$) para cada grupo de edades según género es como sigue, para los hombres ($X_2 = 1$) sería:

$$\ln \frac{P}{1-P} = \alpha + \beta_1(EDAD) + \beta_2 + \lambda(EDAD)\,(SEXO)$$

y para las mujeres ($X_2 = 1$):

$$\ln \frac{P}{1-P} = \alpha + \beta_1(EDAD)$$

El *odds* de ser hipertenso se obtiene calculando

$$odds = \exp[\ln(odds)]$$

y el riesgo de ser hipertenso para cada grupo de edad según sexo viene dado por:

$$\frac{odds}{1 + odds}$$

En la Tabla 5.17 mostramos el $\ln(odds)$, *odds* y el riesgo para cada grupo de edades y género.

En la Figura 5.1 puede apreciarse el efecto de interacción que existe entre la edad y el género para modelar la condición de ser hipertenso. Se dice típicamente que cuando no existe interacción entre efectos, se puede describir el efecto de cada variable con independencia de las otras. Sin embargo, en este ejemplo, para saber cuáles sujetos de la población experimentan el riesgo mayor de ser hipertenso, es preciso considerar la edad: para los cuatro grupos de edades más jóvenes, el riesgo de ser hipertenso es menor para las mujeres y para los grupos de edades restantes, las mujeres tienen un riesgo mayor (hecho expresado en que las dos

TABLA 5.17. *ln*(odds), *odds y el riesgo de ser hipertenso por sexo y grupo de edades.*

Grupos de edades	ln(*odds*)		*Odds*		Riesgo	
	Hombres	Mujeres	Hombres	Mujeres	Hombres	Mujeres
1	–2,177	–2,752	0,11	0,06	0,10	0,06
2	–1,782	–2,165	0,17	0,11	0,14	0,10
3	–1,387	–1,578	0,25	0,21	0,20	0,17
4	–0,992	–0,991	0,37	0,37	0,27	0,27
5	–0,597	–0,404	0,55	0,67	0,36	0,40
6	–0,202	0,183	0,82	1,20	0,45	0,55
7	0,193	0,77	1,21	2,16	0,55	0,68
8	0,588	1,357	1,80	3,88	0,64	0,80

curvas se interceptan; si no hubiera interacción, serían "paralelas"). En este caso, no es posible estimar adecuadamente el efecto que sobre la condición de ser hipertenso tiene una variable (*EDAD*) sin conocer previamente el comportamiento de la otra (*SEXO*), dado que los efectos de una variable dependen siempre de los valores que tome la otra debido al efecto de interacción entre ambas.

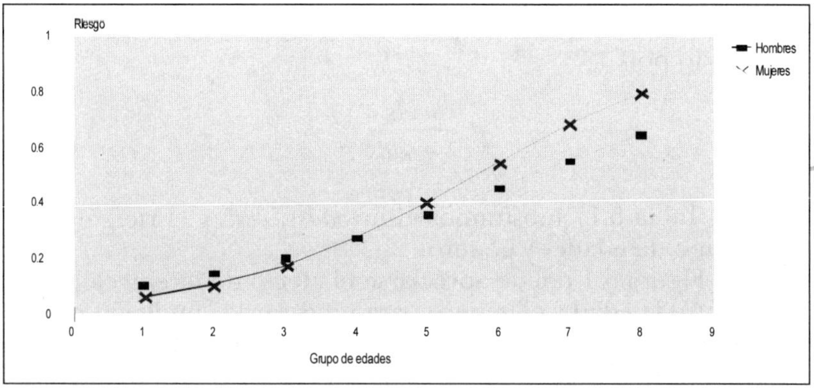

Figura 5.1. *Riesgo de hipertensión según grupo de edad y género.*

Ahora, es preciso estimar el *odds ratio* de ser hipertenso por grupos de edades; para ello tomaremos a los hombres como categoría de referencia y la estimación del *odds ratio* se obtiene mediante:

$$OR = \frac{\alpha + \beta_1(EDAD) + \beta_2 + \lambda(EDAD)(SEXO)}{\alpha + \beta_1(EDAD)}$$

En la Tabla 5.18 se muestra el *odds ratio* estimado por género y grupo de edades y su representación gráfica se recoge en la Figura 5.2.

TABLA 5.18. Odds ratio *por género para diferentes grupos de edades.*

Grupos de edades	Hombres	Mujeres
1	referencia	0,56
2	referencia	0,68
3	referencia	0,83
4	referencia	1,00
5	referencia	1,21
6	referencia	1,47
7	referencia	1,78
8	referencia	2,16

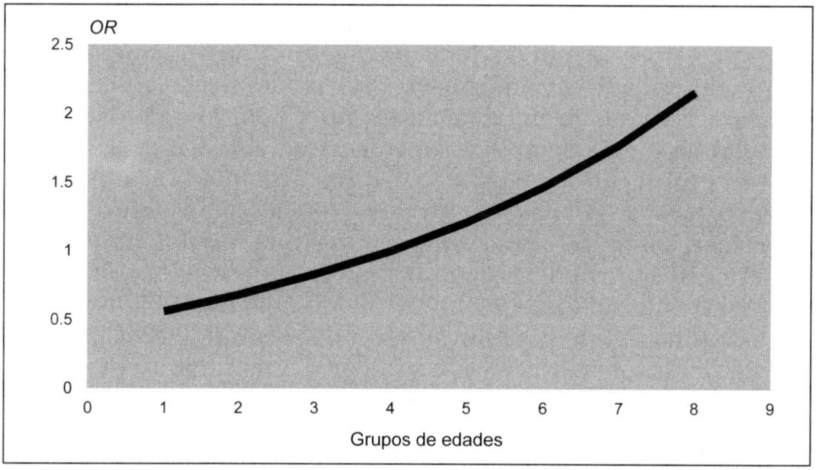

FIGURA 5.2. Odds ratio *para hipertensos por grupo de edades.*

También se puede estimar el *odds ratio* para cada sexo tomando como categoría de referencia uno de los ocho grupos de edades. Por ejemplo, si tomamos como categoría de referencia al primer grupo de edades, los *odds ratio* estimados se muestran en la Tabla 5.19.

TABLA 5.19. Odds ratio *según grupos de edades en ambos sexos.*

Grupos de edades	Hombres	Mujeres
1	referencia	referencia
2	1,48	1,80
3	2,20	3,23
4	3,27	5,82
5	4,85	10,46
6	7,21	18,82
7	10,70	33,85
8	15,88	60,89

5.4.2. *Control de la confusión mediante regresión logística*

En la Sección 1.8 se discutió un problema clásico de ensayo clínico para dirimir si cierto régimen de cuidados de enfermería era más efectivo que otro. Recuérdese que, para ello, un grupo de 80 pacientes operados de cadera se sometió a dos regímenes diferentes de cuidados de enfermería y al cabo de cierto lapso se compararon las tasas de incidencia de infección. Los datos correspondientes a este ejemplo aparecen en la Tabla 1.2.

Los investigadores tenían la sospecha de que la composición con respecto a la edad en los dos grupos conformados podría estar ejerciendo un efecto confusor sobre la variable de respuesta. Para su control se realizó un análisis estratificado, con la consecuente estimación del *odds ratio* de Mantel Haenszel.

Esta solución no pasa por el uso de la regresión. Pero, puesto que la intención subyacente es evaluar si Y se modifica en dependencia de los valores asumidos por la variable independiente *INFEC* una vez controlado el efecto de la variable *EDAD,* la idea de poner la variable Y en función de ambas variables independientes puede ser considerada.

De hecho, da lo mismo controlar variables de confusión categóricas por medio de la regresión logística que empleando análisis estratificado. Sin embargo, el control usando RL tiene ventajas, que a continuación ilustramos.

En el ejemplo, la variable de respuesta *INFEC* (Y = 1 cuando el paciente se infecta a lo largo de la primera semana, Y = 0 si no se infecta) en función de una sola variable independiente (*RÉGIMEN*), de naturaleza dicotómica, que vale 0 si el sujeto estuvo ingresado bajo el nuevo régimen y 1 en caso de que haya estado atendido bajo el régimen convencional. Las estimaciones de los parámetros de este modelo logístico simple se ofrecen en la Tabla 5.20.

TABLA 5.20. *Estimación del modelo con la variable* RÉGIMEN.

Variables	Estimación	exp(β)	IC para exp(β)	
			Inferior	Superior
Constante	$\alpha = 0,45$			
RÉGIMEN	$\beta = 1,21$	3,363	1,177	9,605

Como ya se sabe, el coeficiente 1,21 de la variable *RÉGIMEN* significa que la estimación del *odds ratio* de infectarse bajo el régimen convencional de cuidados de enfermería respecto del novedoso es exp(1,21) = 3,36. Este *odds ratio* de 3,36 coincide, como se había anunciado, con la razón de productos cruzados correspondiente a la Tabla 1.2.

Se considerará ahora el modelo que permite evaluar la misma cuestión pero controlando el efecto posible que puede tener la edad de los pacientes. El modelo ajustado para esta situación exige, naturalmente, más información. Concretamente, hay que operar con los datos de la Tabla 1.3 (Sección 1.8). Obsérvese que la variable edad está categorizada de la manera siguiente: *EDADC* = 0 si el sujeto es menor de 40 años y *EDADC* = 1 si supera esa edad. Empleando dichos datos para ajustar el modelo logístico con dos variables independientes, se obtienen las estimaciones que aparecen en la Tabla 5.21.

TABLA 5.21. *Estimación del modelo con la variable* RÉGIMEN *y* EDAD.

Variables	Estimación	exp(β)	IC para exp(β)	
			Inferior	Superior
Constante	$\alpha = 0,09$			
EDADC	$\beta_1 = 1,36$	3,912	1,141	13,404
RÉGIMEN	$\beta_2 = 0,99$	2,678	0,898	7,983

Antes de continuar con el análisis, detengámonos en el examen de la bondad de ajuste. Los resultados de la Tabla 5.22 ponen de manifiesto que este modelo se ajusta excelentemente. El valor de la Ji-cuadrado de Hosmer y Lemeshow es de 0,10, valor que permite no rechazar la hipótesis nula de un buen ajuste del modelo ($p = 0,995$).

TABLA 5.22. *Valores observados y esperados para la prueba de bondad de ajuste de Hosmer y Lemeshow.*

INFEC = 0		*INFEC* = 1	
Frecuencia observada	Frecuencia esperada	Frecuencia observada	Frecuencia esperada
12	11,921	13	13,079
5	5,079	15	14,921
2	2,079	9	8,921
2	1,921	22	22,079

Lo primero que salta a la vista es el cambio tan sustancial ocurrido en la estimación del coeficiente correspondiente a la variable *RÉGIMEN*; ha pasado de valer 1,21 a ser 0,99, una vez que se controla el efecto que ejerce la edad de los pacientes. De esta forma, ajustando por la variable *EDADC*, el *odds ratio* del régimen convencional de cuidados de enfermería se reduce a ser exp(0,99) = 2,68. Obsérvese que este valor coincide exactamente con el valor del *odds ratio* de Mantel Haenszel obtenido en el análisis estratificado.

La RL, sin embargo, permite algo imposible en el marco de la estratificación: controlar el efecto de una variable no categorizada. Usando los datos de la Tabla 1.1, podemos ver qué sucede si ajustamos el modelo de RL operando con la edad en forma cuantitativa (y, por ende, sin pérdida de información). La estimación de los parámetros para este modelo se muestra en la Tabla 5.23.

TABLA 5.23. *Estimación del modelo con la variable* RÉGIMEN *y* EDAD.

Variables	Estimación	exp(β)	IC para exp(β)	
			Inferior	Superior
Constante	$\alpha = -0,94$			
EDAD	$\beta_1 = 0,04$	1,040	1,000	1,090
RÉGIMEN	$\beta_2 = 0,73$	2,080	0,672	6,437

Los resultados de la Tabla 5.24 permiten corroborar que se mantiene un aceptable ajuste del modelo. El valor de la Ji-cuadrado de Hosmer y Lemeshow es de 9,48, valor tan pequeño que no se puede rechazar la hipótesis nula de un buen ajuste ($p = 0{,}30$).

TABLA 5.24. *Valores observados y esperados para la prueba de bondad de ajuste de Hosmer y Lemeshow.*

INFEC = 0		*INFEC* = 1	
Frecuencia observada	Frecuencia esperada	Frecuencia observada	Frecuencia esperada
3	5,033	7	4,967
5	3,948	4	5,052
4	2,846	4	5,154
3	2,316	5	5,684
4	2,319	5	6,681
0	1,742	8	6,258
0	1,350	8	6,650
1	0,785	7	7,215
1	0,486	7	7,514
0	0,176	4	3,824

En este modelo se aprecia que la estimación del coeficiente correspondiente a la variable *RÉGIMEN* ajustado por la variable *EDAD* de manera continua ha pasado a ser 0,73. De esta manera, el *odds ratio* del régimen convencional de cuidados de enfermería en pacientes operados de la cadera se reduce aun más: de 2,68 cuando se ajustó un modelo con la edad categorizada, a 2,08 cuando usamos la edad en su condición de variable cuantitativa.

Un ejemplo del control de variables de confusión basado en un estudio real

A principios de 1992, en la provincia extremo occidental de Cuba, Pinar del Río, se empezaron a registrar casos de pacientes que presentaban trastornos visuales y desórdenes neurológicos periféricos. Con el paso de los meses se diagnosticaron decenas de miles de casos en todo el país: se había consolidado una epidemia de neuropatía. A lo largo de su desarrollo, se produjo una agitada polémica científica en torno sus causas. Tres hipótesis se disputaban la explicación del fenómeno Silva (1997). En esencia, eran las siguientes:

- La denominada como *tóxico-metabólica*, que colocaba la existencia de alguna toxina ingerida por las víctimas como causa primaria. Pero el componente tóxico no se dejaba ver. Una excepción era el tabaco, cuyo consumo sí aparecía asociado a la enfermedad; sin embargo, el ejercicio del tabaquismo en la población no se había modificado recientemente, de modo que esa práctica difícilmente podría explicar por sí sola la irrupción abrupta y cuantiosa de la enfermedad. Por otra parte, de haber estado actuando un tóxico alimentario, la incidencia por grupos de edades tendría que haber sido esencialmente la misma, con excepción quizás de los niños. Las tasas eran, sin embargo, muy altas en las edades laboralmente activas y muy bajas entre los sujetos de mayor edad. La distribución espacial de la epidemia, finalmente, tampoco favorecía esta hipótesis, ya que se diseminó por todo el país y, por otra parte, con los focos de mayor intensidad ubicados en puntos muy distantes entre sí.
- La *hipótesis viral* fue defendida por algunos investigadores; pero los indicios a su favor eran bastante débiles y, aunque se aisló un virus que podría ser específico, tal hipótesis era inconsistente con un dato clínico: no se encontró rastro alguno de contagio. Esta hipótesis tampoco era favorecida por la virtual ausencia de casos entre los niños, y muy baja la tasa entre adolescentes y ancianos.
- La llamada *hipótesis nutricional*, sustentada por el hecho de que se había producido una marcada disminución en la calidad general de la dieta, muy especialmente a partir de 1990 y entre los adultos de la isla. Ésta se había tornado monótona, cargada de energéticos y deficiente en proteínas y grasas. Uno de los argumentos en contra de esta tercera conjetura era el carácter "explosivo" de la epidemia, ajeno a un efecto carencial que, de estar actuando, debería expresarse más bien de manera gradual y relativamente aislada.

En un estudio de casos y controles[25], diseñado para valorar estas tres hipótesis se seleccionaron 400 sujetos: 200 casos y 200

---

[25] Este diseño, así como los datos que a continuación se emplean para desarrollar el ejemplo, son hipotéticos y constituyen una versión sumamente simplificada del verdadero estudio (Gay y cols., 1994). Sin embargo, se ha respetado el espíritu y la estructura de los datos de aquella investigación.

controles. La variable de respuesta se codificó con valor 1 si el sujeto padecía la enfermedad (200 casos) y como 0 en caso contrario (200 controles). Se recogió información de las siguientes variables:

Edad en años cumplidos (*EDAD*).
Consumo de proteínas: 1 si el consumo fue insuficiente y 0 si fue suficiente (*PROTE*).
Consumo de ácido cítrico: 1 si el consumo de ácido cítrico había sido insuficiente y 0 en el caso opuesto (*CÍTRICO*).
Hábito tabáquico: 1 si fumaba antes del comienzo de la epidemia y 0 si no lo hacía (*FUMA*).
Positividad a cierto virus: 1 si se aisló el virus, 0 en caso contrario (*ANTIC*).

En esta ilustración, la hipótesis toxico-metabólica está representada por el hábito tabáquico. El consumo de proteínas y de ácido cítrico serviría para valorar los posibles efectos carenciales en relación con la hipótesis nutricional, y la presencia de cierto virus representa a la hipótesis viral.

Para el análisis de tan complejo problema se comienza por indagar si existe asociación entre cada una de las variables involucradas y la condición de haber desarrollado la neuropatía. Comenzaremos por explorar el consumo de proteínas. Para ello resumimos la información en una tabla de contingencia (Tabla 5.25).

TABLA 5.25. *Distribución de los sujetos según consumo de proteínas y haber desarrollado o no la neuropatía.*

	Consumo de proteínas		
	Insuficiente	Suficiente	Total
Enfermo	160	40	200
No enfermo	93	107	200
Total	253	147	400

El valor de OR fue 4,60 y la prueba Ji-cuadrado arrojó una asociación significativa entre el consumo de proteínas y el hecho de haber desarrollado la neuropatía (χ^2 = 48,28), pues la p asociada al estadígrafo es muy pequeña (menor de 0,0001). En realidad, este análisis es innecesario, pues como se verá, la RL suple este paso.

En efecto, al ajustar el modelo logístico para estimar la probabilidad de desarrollar la enfermedad (véase Tabla 5.26) se encontró que el efecto de la variable *PROTE* era muy significativo ($p < 0{,}0001$). La estimación del *odds ratio* es, como se podría anticipar, la misma antes encontrada (4,60): indica que resulta casi 5 veces más probable desarrollar la enfermedad en los sujetos con un consumo insuficiente de proteínas que entre los que la consumían en cantidades suficientes.

TABLA 5.26. *Estimación del modelo con la variable* PROTE.

Variables	Estimación	Z_{Wald}	p	exp(β)	IC para exp(β)	
					Inferior	Superior
Constante	α = –0,54					
PROTE	β = 1,53	45,38	<0,0001	4,602	2,952	7,175

En el caso del habito tabáquico también se obtuvo una asociación significativa con el hecho de haber desarrollado la enfermedad, pues el valor de la probabilidad asociada fue de p = 0,03. La estimación del coeficiente fue de 0,44 para un *odds ratio* próximo a 2 (véase la Tabla 5.27).

TABLA 5.27. *Estimación del modelo con la variable* FUMA.

Variables	Estimación	Z_{Wald}	p	exp(β)	IC para exp(β)	
					Inferior	Superior
Constante	α = –0,18					
FUMA	β = 0,44	4,55	0,033	1,548	1,036	2,312

El consumo de ácido cítrico y la detección de anticuerpos asociados a la presencia del virus tuvieron, sin embargo, una asociación no significativa con la condición de padecer la neuritis. El resultado del ajuste logístico para estas dos variables se resumen en la Tabla 5.28 y 5.29 respectivamente.

TABLA 5.28. *Estimación del modelo con la variable* CITRICO.

Variables	Estimación	Z_{Wald}	p	exp(β)	IC para exp(β)	
					Inferior	Superior
Constante	α = –0,04					
CITRICO	β = 0,06	0,06	0,813	1,057	0,666	1,679

TABLA 5.29. *Estimación del modelo con la variable* ANTIC.

Variables	Estimación	Z_{Wald}	p	exp(β)	IC para exp(β)	
					Inferior	Superior
Constante *ANTIC*	α = –0,25 β = 0,30	1,19	0,276	1,348	0,787	2,310

Por tanto, el efecto del consumo de ácido cítrico dentro de la hipótesis nutricional queda virtualmente descartado, al igual que la hipótesis viral, ya que no se encontró una asociación apreciable entre la presencia del virus y el hecho de desarrollar la neuritis.

Ahora procede indagar si los efectos de las variables que resultaron tener una asociación de peso (*PROTE* y *FUMA*) con el hecho de padecer la neuritis son de naturaleza intrínseca o están siendo afectados por efectos confusores.

La edad puede ser valorada como variable de confusión, pues la media de edades en los casos fue de 48,18 años mientras que entre los controles fue de 38,75, diferencia que resultó altamente significativa según la prueba de comparación de medias t-Studient ($t = -6{,}74$) con una probabilidad asociada menor de 0,0001.

Para complementar la valoración de la hipótesis nutricional ajustaremos el siguiente modelo de RL. Se procura con ello valorar el efecto *per se* del consumo de proteínas sobre el hecho de desarrollar la neuritis.

$$P(Y=1) = \frac{1}{1+\exp\left(-\alpha-\beta_1(PROTE)-\beta_2(EDAD)-\beta_3(ANTIC)-\beta_4(CITRICO)\right)} \qquad [5.6]$$

En él, los efectos de la edad, el consumo de ácidos cítricos y la presencia del virus aislado durante la epidemia son controlados. Los resultados se muestran en la Tabla 5.30.

TABLA 5.30. *Estimación del modelo tras incorporar las variables* PROTE, EDAD, ANTIC *y* CITRICO.

Variables	Estimación	Z_{Wald}	p	exp(β)	IC para exp(β)	
					Inferior	Superior
Constante	$\alpha = -2{,}89$					
PROTE	$\beta_1 = 1{,}54$	41,1712	**<0,0001**	4,658	2,911	7,452
EDAD	$\beta_2 = 0{,}05$	34,3721	**<0,0001**	1,050	1,033	1,067
ANTIC	$\beta_3 = 0{,}25$	0,6433	0,4225	1,277	0,702	2,324
CITRICO	$\beta_4 = 0{,}06$	0,0387	0,8441	1,056	0,611	1,826

Aquí se observa que la edad tiene un efecto significativo pero tal constatación carece de interés, en primer lugar porque ya se sabía que la epidemia se comportaba de manera diferente según edades y, en segundo lugar y sobre todo, porque no nos estamos preguntando nada al respecto; la variable edad se incluyó exclusivamente por su potencial condición confusora. Lo realmente relevante es que la condición de desarrollar la neuritis y el consumo de proteínas producen un *odds ratio* casi invariable (pasa de ser 4,60 a 4,66).

Veamos ahora qué pasa con el efecto del habito tabáquico (hipótesis toxico-metabólica) y la condición de desarrollar la enfermedad luego de controlar las mismas variables controladas en [5.6]: la edad, el consumo de ácidos cítricos y la presencia del virus. Para cllo se ajustó el siguiente modelo:

$$P(Y=1)=\frac{1}{1+\exp\left(-\alpha-\beta_1(FUMA)-\beta_2(EDAD)-\beta_3(ANTIC)-\beta_4(CITRICO)\right)} \quad [5.7]$$

Las estimaciones se ofrecen en la Tabla 5.31.

TABLA 5.31. *Estimación del modelo con la variable* FUMA, EDAD, ANTIC *y* CITRICO.

Variables	Estimación	Z_{Wald}	p	exp(β)	IC para exp(β)	
					Inferior	Superior
Constante	$\alpha = -2{,}72$					
FUMA	$\beta_1 = 1{,}50$	5,2180	**0,0224**	1,645	1,073	2,522
EDAD	$\beta_2 = 0{,}05$	37,9559	**<0,0001**	1,050	1,034	1,067
ANTIC	$\beta_3 = 0{,}32$	1,1358	0,2865	1,374	0,766	2,467
CITRICO	$\beta_4 = 0{,}18$	0,4558	0,4996	1,193	0,715	1,989

Como se ve, el efecto del hábito tabáquico sigue figurando de manera notable (en particular, resulta ser significativo). Aún no podemos descartar ninguna de ambas hipótesis, pues ambas variables (*PROTE* y *FUMA*) mantienen efectos significativos.

Las preguntas naturales, ahora, son dos: qué pasa con el efecto del consumo insuficiente de proteínas sobre el hecho de desarrollar la neuritis cuando se controla el hecho de haber fumado antes del comienzo de la epidemia y qué ocurre con el efecto de haber fumado antes del comienzo de la epidemia sobre el hecho de desarrollar la enfermedad cuando se controla el consumo insuficiente de proteínas.

Para responder estas dos interrogantes al modelo 5.6 se le añade la variable *FUMA* (o, lo que es equivalente, al modelo 5.7 se le añade la variable *PROTE*):

$$P(\mathrm{Y}=1)=\frac{1}{1+\exp\left(-\alpha-\beta_1(FUMA)-\beta_2(PROTE)-\beta_3(EDAD)-\beta 4_4(ANTIC)-\beta_5(CITRICO)\right)}$$

La Tabla 5.32 muestra los resultados del ajuste de este modelo.

TABLA. 5.32. *Estimación de los parámetros del modelo con las variables* PROTE, FUMA, EDAD, ANTIC *y* CITRICO.

Variables	Estimación	Z_{Wald}	p	exp(β)	IC para exp(β)	
					Inferior	Superior
Constante	$\alpha = -3{,}08$					
PROTE	$\beta_1 = 1{,}52$	39,8350	**<0,0001**	4,579	2,855	7,345
FUMA	$\beta_2 = 0{,}44$	3,6597	0,0557	1,558	0,989	2,452
EDAD	$\beta_3 = 0{,}05$	35,1760	**<0,0001**	1,051	1,034	1,068
ANTIC	$\beta_4 = 0{,}23$	0,5616	0,4536	1,259	0,690	2,298
CITRICO	$\beta_5 = 0{,}04$	0,0164	0,8982	1,037	0,597	1,799

Los resultados son notables: al agregar la variable independiente *FUMA*, el efecto de consumir proteínas permanece virtualmente invariable (ahora el *odds ratio* de *PROTE* se incrementa casi imperceptiblemente, de 4,579 a ser 4,658). Sin embargo, al agregar la variable *PROTE* el efecto de fumar se reduce e incluso, formalmente, deja de ser significativo. La condición de ser fumador antes del comienzo de la epidemia no cambia esencialmente el papel que tiene el insuficiente consumo de las proteínas (nótese que el *OR* asociado a tal carencia sigue siendo muy próximo a 5). Pero, si bien parece tener un efecto sobre el hecho de desarrollar la neuritis, este no es intrínseco, sino que él como tal se pierde al controlar el efecto del consumo insuficiente de proteínas.

Por otra parte, la falta de efecto, tanto del virus aislado como del consumo de ácido cítrico resultó corroborada en cualquier variante: no estaban mediatizados por los demás efectos, pues sus coeficientes se mantienen casi invariables, sin exhibir significación. Esto conduciría a descartar totalmente la hipótesis viral y la posible influencia de un componente nutricional ajeno al complejo vitamínico B tal como el ácido cítrico sobre el hecho de desarrollar la neuritis

Finalmente, siempre resulta de interés valorar la calidad del ajuste. La Tabla 5.33 permite apreciar que el ajuste del modelo es esencialmente satisfactorio.

TABLA 5.33. *Valores observados y esperados de la prueba de Hosmer and Lemeshow para el modelo que incluye todas las variables independientes.*

Enfermo = 0		*Enfermo* = 1	
Frecuencia observada	Frecuencia esperada	Frecuencia observada	Frecuencia esperada
33	32,144	6	6,856
24	32,588	19	10,412
34	29,028	6	10,972
27	25,960	13	14,040
17	21,922	23	18,078
24	18,338	16	21,662
20	15,422	21	25,578
12	11,816	27	27,184
7	8,563	32	30,437
2	4,221	37	34,779

A tenor del análisis precedente, viene al caso intercalar un importante comentario de índole conceptual. La RL no tiene la capacidad de dar explicaciones, pero sí puede tener la de sintetizar una realidad. El incremento o la invarianza del *odds ratio,* cuando se producen, son hechos objetivos. Pero este estudio se desarrolla para complementar esfuerzos multilaterales para descubrir las causas que originan la epidemia. Inicialmente se podría pensar que el hecho de fumar tuviera un efecto intrínsico y que la hipótesis toxico-metabólica tuviera cabida, pero vemos que cuando el consumo insuficiente de proteínas es controlado en esta relación, el hábito de fumar deja de tener un efecto significativo sobre la condición de enfermar. La respuesta de por qué ocurre esto la dio, sin embargo, el enfoque aportado por las ciencias básicas: la carencia del complejo vitamínico B en la dieta tiene un efecto de inhibición de los mecanismos de desintoxicación que habitualmente mitigan el efecto del cianuro aportado por el consumo de tabaco; de ahí el efecto confusor de la ingestión insuficiente de proteínas para la hipótesis toxico-metabólica.

Este análisis multilateral trajo consigo que la hipótesis nutricional ganara paulatinamente adeptos: en Cuba se había producido un súbito trauma nutricional del que participó virtualmente toda la población dentro de un plazo reducido a muy pocos meses. Era una consecuencia del deterioro económico debido a la desaparición de sus mercados centroeuropeos a comienzos de la década de los 90, coincidente con un recrudecimiento del bloqueo comercial, económico y financiero ejercido por los Estados Unidos sobre la isla. La doble protección, estatal y familiar –típica esta última de la familia latina– que en ese contexto se dispensó a la población ubicada en las edades extremas, explicaba el patrón de la epidemia según edades. El estudio en que se inspira la ilustración que acabamos de ver, realizado por Gay y cols. (1994) para la identificación etiológica, basado en técnicas epidemiológicas y estadísticas formales, entre otros, avaló de modo persuasivo la verosimilitud de esta tercera conjetura.

5.5. Jerarquización de variables

Otro aspecto que se relaciona con la interpretación de los parámetros es el siguiente: una vez realizado un ajuste, es posible que se quiera dirimir cuál es el grado de "influencia" de las diferentes variables en el resultado. Por ejemplo: puede desearse saber cuál de las k variables independientes es "la que más influye" en el valor que asuma $P(Y = 1)$.

Un primer impulso conduciría a atribuir mayor peso a aquella variable a la que corresponda mayor valor de β_i; pero tal estrategia sería totalmente errónea. El sólo hecho, obviamente irrelevante a los efectos que interesan, de que se usen unas u otras unidades (gramos o kilogramos, por ejemplo), produce diferencias en los valores de los coeficientes. Por ejemplo, si X es una medida lineal, como la talla de un sujeto, y se midiera en metros, el β_i correspondiente sería 100 veces mayor que si se hubieran utilizado centímetros.

Los coeficientes estandarizados de regresión (*CER*) son indicadores que se han recomendado para comparar la magnitud de los efectos debidos a las diferentes variables sobre la probabilidad que se estima (véase el trabajo clásico de Truett, Cornfield y Kannel, 1967). Su empleo se ha convertido en práctica regular como alternativa al error de comparar directamente los coeficientes. Con el fin de esclarecer algunas confusiones sobre este asunto, procede recordar que se han sugerido tres criterios para estandarizar los coeficientes:

a) Emplear coeficientes estandarizados que se conforman multiplicando el coeficiente no estandarizado por la desviación estándar de la variable independiente que le corresponda.
b) Calcular coeficientes estandarizados conformados según el recurso de multiplicar el coeficiente por la desviación estándar de la variable correspondiente, como en el caso anterior, y dividir luego por la desviación estándar de la variable de respuesta.
c) Estandarizar primero las variables independientes que se quieren comparar y luego hacer el ajuste de la regresión usando dichas variables transformadas.

La primera es la manera usual de cuantificar la aportación con fines comparativos. Se trata de calcular en cada caso el resultado de multiplicar la estimación de β_i por la raíz cuadrada de una estimación de la varianza muestral correspondiente a la variable X. Si llamamos S_i a este último número, se trata de calcular el producto[26]:

$$b_i^* = b_i s_i$$

conocido como *coeficiente estandarizado* para la variable X_i.

Su base lógica puede ilustrarse más claramente con un modelo de regresión lineal múltiple, aunque en esencia el razonamiento es similar para la regresión logística. Tomemos como variable de respuesta la talla en centímetros de un niño al nacer, y consideremos que se quiere conocer el efecto que sobre dicha

[26] Nótese que se trata de estandarizar el coeficiente, no la variable; por ello se multiplica por la desviación estándar en lugar de dividir por ella.

variable tiene la edad de la madre (X_1, expresada en años) y la ganancia de peso durante el embarazo (X_2, expresada en gramos). El modelo sería el siguiente:

$$Y = \alpha + \beta_1 X_1 + \beta_2 X_2$$

En este ejemplo, β_1 expresa el cambio promedio que ocurre en la talla al nacer de un niño cuando la edad de su madre aumenta en un año, supuesto que las mujeres genéricas que implícitamente se comparan (una con un año menos que la otra) tengan la misma ganancia de peso durante el embarazo. Por ello, β_1 se expresa en unas unidades que involucran a las que fueron empleadas en ambas variables (dependiente e independiente); concretamente, se expresa en cm/año. Al multiplicarse β_1 por la desviación estándar de la edad de la madre (S_1), la cual también se mide en años, éstos se anulan, y el coeficiente estandarizado queda expresado en las unidades de medida de la variable de respuesta (en este caso, centímetros).

Lo mismo ocurre cuando se multiplica β_2 por la desviación estándar de la ganancia de peso durante el embarazo (S_2). De modo que se puede conocer cuál de las dos variables produce menos centímetros de talla de un niño al nacer cuando cada una de ellas se incrementa en una unidad.

La segunda propuesta consiste en realizar esta misma operación pero dividiendo, además, por la desviación estándar de la variable de respuesta, y así anular ambas unidades de medida, de modo que se compararían coeficientes adimensionales. Es obvio que, a los efectos de comparar las variables entre sí, esta segunda posibilidad es equivalente a la primera, pues los coeficientes resultantes diferirán de los que aquella produce sólo en que están multiplicados por una misma constante.

Finalmente, puede demostrarse que la alternativa c) es también *exactamente equivalente* a la alternativa a). En efecto, si al ajustar un modelo de regresión logística, a cierta variable X corresponde un coeficiente β, entonces su CER será igual a $\beta^* = S_x\beta$ donde S_x es la desviación estándar de los X_i de la muestra, la demostración es simple. Si el mismo modelo se ajusta usando una combinación lineal de X, (digamos, $Y = \lambda + \gamma X$), en lugar de X, el coeficiente que se obtiene será igual a $\frac{\beta}{\gamma}$ (la traslación debida a λ

no modifica el coeficiente, en tanto que la homotecia debida a γ, produce una homotecia de razón $\frac{1}{\gamma}$ sobre el parámetro).

Pero, $Y = \frac{X - \overline{X}}{S_x} = -\frac{\overline{X}}{S_x} + \frac{1}{S_x}X$ donde $\overline{X}$ es la media muestral de los X_i; es decir: $Y = \lambda + \gamma X$, donde $\lambda = -\frac{\overline{X}}{S_x}$ y $\gamma = \frac{1}{S_x}$.

Consecuentemente, en lugar de β se obtendrá

$$\frac{\beta}{\gamma} = \frac{\beta}{\frac{1}{S_x}} = S_x\beta$$

que no es otra cosa que β^*, el *CER* de X.

De modo que, de hecho, las tres propuestas se reducen a lo mismo: tenemos un único método para estandarizar.

A modo de ilustración, consideremos el estudio sobre predicción del suicidio entre adolescentes deprimidos publicado por Kienhorst y cols. (1991). Estos autores exponen la construcción de un índice basado en 7 preguntas, todas susceptibles de ser respondidas con SI o con NO por un adolescente en estado depresivo y a las que se arribó tras un proceso de decantación previa. Ellas son:

1. ¿Has ganado peso en las últimas semanas? (X_1).
2. ¿Has perdido energía o has sentido fatiga últimamente? (X_2).
3. ¿Vives separado de tu padre? (X_3).
4. ¿Has estado a punto de intentar un suicidio en alguna oportunidad? (X_4).
5. ¿Estimas que la posibilidad de terminar con tu vida es algo que ocasionalmente podrías considerar razonable? (X_5).
6. ¿Tienes una visión pesimista del futuro? (X_6).
7. ¿Estimas que tu situación actual es desesperada? (X_7).

Se trata, de hecho, de 7 variables dicotómicas definidas todas como 1 si la respuesta es afirmativa y como 0 si es negativa en el caso de las 5 últimas, y de manera inversa para las 2 primeras. De los datos que se incluyen en el artículo se deducen los resultados que recoge la Tabla 5.34.

TABLA 5.34. *Coeficientes crudo y estandarizados de las 7 variables independientes incluidas en el modelo.*

Variables	Fracción p_i de sujetos con $X_1 = 1$	Coeficiente crudo (β_1)	Coeficiente estandarizado $\beta_i \sqrt{p_i q_i}$
X_1	0,77	1,73	0,73
X_2	0,34	1,78	0,84
X_3	0,26	1,70	0,75
X_4	0,46	2,11	1,05
X_5	0,25	1,56	0,68
X_6	0,62	1,23	0,60
X_7	0,62	1,91	0,93

Nótese que en el caso de una variable dicotómica X (con distribución binomial) como son todas las de este ejemplo, se tiene $Var(X) = npq$, de modo que $S = \sqrt{npq}$. A los efectos de la comparación, por otra parte, es equivalente multiplicar por $\sqrt{npq}$ que hacerlo por $\sqrt{pq}$ ya que el tamaño muestral es común para todas.

Como se advierte fácilmente, el orden de las variables no se modifica apreciablemente cuando se usan los coeficientes crudos respecto de cuando se utilizan los estandarizados. Sin embargo, existe al menos una pareja de variables(X_1 y X_3) cuyas posiciones relativas se invierten; ello ilustra la importancia de la estandarización si se quiere valorar la influencia relativa de las variables independientes en el desenlace.

5.6. INTERVALOS DE CONFIANZA PARA INDICADORES BASADOS EN LOS PARÁMETROS DE LA REGRESIÓN LOGÍSTICA

En muchos casos, los trabajos proponen o aplican la estimación puntual de índices basados en los parámetros que se obtienen del ajuste de la regresión logística. Shaper y cols. (1987), Silva y Machín (1989), Brazy y cols. (1991), Chambless y cols. (1991) son una muestra de ello. En estos trabajos se destaca el caso en que, simplemente, el resultado de evaluar la función logística para un vector dado es utilizado en calidad de indicador.

Típicamente, sin embargo, no se ofrecen intervalos de confianza para estas estimaciones lo cual, a tenor con las recomendaciones hoy bastante extendidas (especialmente, después de haberse adaptado por BMJ, véase Atman y cols., 1983), constituye una notable insuficiencia.

En la presente sección se proporcionan las fórmulas para el cómputo de dichos intervalos de confianza, aportadas por Silva y Soler (1996). Los procedimientos se ilustran con un ejemplo en que la regresión logística se aplica a la estimación del consumo de leche materna.

5.6.1. *Regresión logística evaluada en un vector*

Supongamos que para expresar la probabilidad de cierto acontecimiento en función de *k* variables se ha ajustado la función siguiente:

$$p(t_1, t_2, \cdots, t_k) = \frac{1}{1 + \exp(-\beta_0 - \beta_1 t_1 - \beta_2 t_2 - \cdots - \beta_k t_k)} \qquad [5.8]$$

Como resultado de ese proceso, se obtiene el vector de estimaciones máximo verosímiles de los k + 1 parámetros: $(\beta_0^*, \beta_1^*, \cdots, \beta_k^*)$ así como la estimación de su matriz de varianzas y covarianzas, todo susceptible de ser obtenido al aplicar programas informáticos de uso regular (por ejemplo, SPSS ofrece esta posibilidad, aunque hay que solicitarlo explícitamente).

Denotaremos por $\hat{V}ar(\beta_i^*)$ a la varianza estimada del i-ésimo de los estimadores y por $\hat{C}ov(\beta_i^*, \beta_i^*)$ a la estimación de la covarianza entre los coeficientes *i* y *j*.

Como se ha dicho, la simple evaluación de la función estimada en un vector específico $t = (t_1, t_2, \cdots, t_k)$ es ocasionalmente considerada como un indicador para el cual se desea un intervalo de confianza.

Se puede demostrar (véase Anexo) que unos límites al $100(1-\alpha)\%$ para p(t) vienen, dados por las fórmulas:

$$Lim\ Inf = \frac{1}{1 + \exp\{\mu^*(t) + Z_\alpha s(t)\}} \quad \text{y} \quad Lim\ Sup = \frac{1}{1 + \exp\{\mu^*(t) - Z_\alpha s(t)\}} \qquad [5.9]$$

donde

$$\mu^*(t) = -\beta_0^* - \sum_{i=1}^{k} \beta_i^* t_i$$

$$\hat{s}^2(t) = \hat{V}ar(\beta_0^*) + \sum_{i=1}^{k} t_i^2 \hat{V}ar(\beta_i^*) + 2\sum_{i=1}^{k} t_i \hat{C}ov(\beta_0^*, \beta_1^*) + 2\sum_{i=1}^{k} t_i t_j \hat{C}ov(\beta_i^*, \beta_j^*)$$

[5.10]

y Z_α es el percentil $100(1-\frac{\alpha}{2})$ de la distribución normal estándar.

Por ejemplo, en un trabajo destinado a caracterizar globalmente el consumo de lactancia materna en Cuba, Amador, Silva y Valdés (1992) ajustan un modelo de regresión logística univariado (caso k = 1) a partir de una muestra de tamaño n = 1000 niños menores de un año. A cada sujeto se le registró la edad *t* en días y su status en el momento de la encuesta respecto de la lactancia materna exclusiva, variable ésta que valía 1 si el niño aún se mantenía lactando de la madre, y 0 en caso de que ya hubiera abandonado esa práctica.

Al ajustar la probabilidad de que el niño se mantenga lactando en función de la edad, se obtuvieron las siguientes estimaciones:

$$\beta_0^* = 0,7364 \qquad \beta_1^* = 0,0174 \qquad [5.11]$$

$$\hat{V}ar(\beta_0^*) = 0,0222700; \ \hat{V}ar(\beta_1^*) = 0,000002 \qquad [5.12]$$

$$\hat{C}ov(\beta_0^* \beta_1^*) = -0,000180 \qquad [5.13]$$

Así, si por ejemplo se quiere estimar la probabilidad de que un niño se mantuviera consumiendo leche materna a los 90 días de nacido, hay que evaluar la función [5.8] usando [5.11] para $t = 90$:

$$\hat{p}(90) = \frac{1}{1 + \exp\left[-0,7364 - (0,0174)(90)\right]} = 0,303$$

Es decir, se estima que a los tres meses de nacidos el 30,3% de los niños aún se mantiene lactando del seno materno.

Al aplicar [5.10] en este caso particular, usando [5.12] y [5.13], se tiene:

$$s^2(t) = 0{,}0222700 - 0{,}00003600t + 0{,}0000022t^2$$

En la Tabla 5.35 aparecen los valores estimados de la función logística para 13 valores de t y sus respectivos intervalos confidenciales al 95% obtenidos usando [5.9], los cuales se reflejan gráficamente en la Figura 5.3.

TABLA 5.35. *Valores estimados de la función logística para 13 argumentos y respectivos intervalos de confianza al 95%.*

t	Límite inferior	$\hat{p}(t)$	Límite superior
0	0,609	0,676	0,737
30	0,497	0,553	0,609
60	0,380	0,424	0,469
90	0,269	0,304	0,341
120	0,174	0,206	0,241
150	0,106	0,133	0,166
180	0,061	0,084	0,113
210	0,035	0,051	0,075
240	0,019	0,031	0,050
270	0,011	0,019	0,033
300	0,006	0,011	0,021
330	0,003	0,007	0,014
360	0,002	0,004	0,009

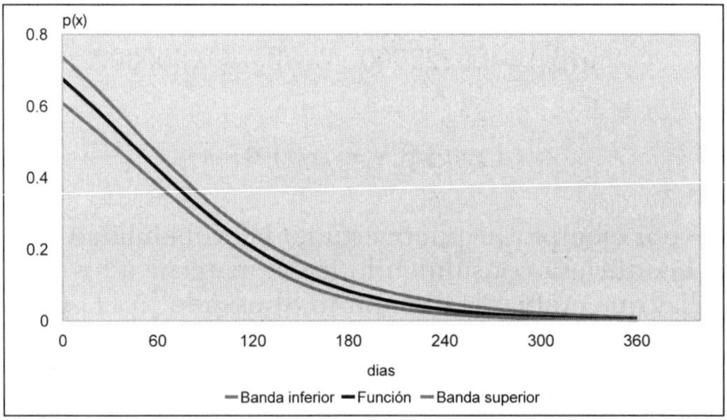

FIGURA 5.3. *Curva logística e intervalos de confianza.*

Nótese que, considerando los extremos del intervalo como funciones de t, se obtiene una región de confianza al $100(1 - \alpha)\%$ para la función logística.

VI

TEMAS AVANZADOS EN LA REGRESIÓN LOGÍSTICA

6.1. Introducción

En este capítulo se tratan varios temas que admiten el calificativo de "avanzados"; uno de ellos se deriva del hecho de que no todas las variables cualitativas son de la misma naturaleza; se pueden diferenciar dos grupos en dependencia de que entre sus categorías haya o no algún tipo de orden o jerarquía, distinguiendo así las variables de respuestas ordinales de las nominales. Además, con frecuencia se le añade un apellido, politómicas, para referirse a aquellas que posean más de dos opciones en sus categorías de respuestas. En la sección 6.2 se aborda la RL para variables de respuesta nominal politómica y en la siguiente sección se considera el caso de respuesta ordinal.

Existen otros modelos de RL que se ajustan en situaciones especiales como es el caso de la RL condicional. Estos modelos se usan con frecuencia en diseños de estudios de casos y controles emparejados; al tema se destina la sección 6.4.

Por otra parte, el supuesto de independencia entre las observaciones no siempre es legítimo, de modo que tampoco lo es ajustar los modelos discutidos en las secciones precedentes. La sección 6.5 se ocupa de discutir los efectos que puede producir la correlación que puede existir en los datos con estructura jerárquica y las posibles soluciones para encarar este problema. Para finalizar, se discute el tamaño de muestra requerido para ajustar modelos de RL multivariados.

6.2. Regresión logística con respuesta nominal politómica

En la presente sección se expone la extensión de la teoría precedente al caso en que la variable de respuesta es nominal politómica. En el modelo binario, se adoptó la convención de que $Y = 1$ representara la situación en que se posee la condición de interés y que Y= 0 indicara la categoría complementaria. La probabilidad de presentar la característica venía dada por la expresión:

$$P(\mathrm{Y}=1)=\frac{\exp(\alpha+\beta_1\mathrm{X}_1+\cdots+\beta_k\mathrm{X}_k)}{1+\exp(\alpha+\beta_1\mathrm{X}_1+\cdots+\beta_k\mathrm{X}_k)}$$

de modo que:

$$\log\mathrm{it}(P)=\alpha+\beta_1\mathrm{X}_1+\beta_2\mathrm{X}_2+\cdots+\beta_k\mathrm{X}_k$$

Para las variables nominales politómicas, la estrategia de análisis es similar a la RL binaria. En este caso extremo se toma una categoría como referencia y se enfrenta a la otra. Aquí se adoptó como "categoría de referencia" Y= 0 y se definió el *odds* como $P(\mathrm{Y}=1)/P(\mathrm{Y}=0)$. En el caso nominal politómico, como existen r categorías, se toma una de ellas como referencia y se "enfrentan" a ella las $r-1$ categorías restantes. Por ejemplo, si adoptamos como referencia la categoría 1, podemos definir $r-1$ expresiones de tipo

$$\frac{P(\mathrm{Y}=\mathrm{s})}{P(\mathrm{Y}=1)} \qquad s=2,3,\cdots,r$$

El problema es esencialmente el mismo; la diferencia radica en que ahora el planteamiento es más general y en que para él admitimos la convención de que la variable de respuesta Y puede (en lugar de 0 y 1) alcanzar uno de los valores de 1 al r ($r\geq 2$)[27].

Llamemos a las $A_1, A_2, \cdots, A_r$ categorías de respuesta, y asumamos que la variable Y toma el valor 1 si el sujeto está en la categoría de respuesta A_1, Y vale 2 si está en A_2, y así sucesivamente. Supongamos que, como antes, hay k variables independientes $X_1, X_2, \cdots, X_k$ y que lo que se quiere es expresar la probabilidad de que Y tome cada uno de esos r valores en función de las k variables independientes.

El modelo de regresión logística politómica (RLP) establece que

$$P(\mathrm{Y}=\mathrm{s})=\frac{\exp(\alpha_s+\beta_{1s}\mathrm{X}_1+\beta_{2s}\mathrm{X}_2+\cdots+\beta_{ks}\mathrm{X}_k)}{1+\exp(\alpha_s+\beta_{1s}\mathrm{X}_1+\beta_{2s}\mathrm{X}_2+\cdots+\beta_{ks}\mathrm{X}_k)}$$

---

[27] Para que el caso dicotómico con que se ha venido trabajando quede exactamente como un caso particular del que ahora nos ocupa, Y debería definirse de manera que pudiese asumir uno de los valores $0,1,\cdots, r-1$. Para $r=2$, $r-1$ sería 1 y los valores posibles serían 0 y 1 como antes. Pero, de hecho, eso no es más que una convención; de modo que se eligió esta variante, que resulta un poco más clara para la exposición que sigue.

de manera que:

$$\ln \frac{P(\mathrm{Y}=\mathrm{s})}{P(\mathrm{Y}=1)} = \alpha_s + \beta_{1s}\mathrm{X}_1 + \beta_{2s}\mathrm{X}_2 + \cdots + \beta_{ks}\mathrm{X}_k \qquad s = 2,3,\cdots,r$$

Esta definición quiere decir que para cada categoría distinta de la de referencia tenemos un conjunto de parámetros $\alpha_s, \beta_{1s}, \beta_{2s}, \cdots, \beta_{ks}$. Por tanto, el caso politómico realmente contempla un conjunto de $c - 1$ ecuaciones de regresión y, como para cada una de ellas tenemos $k + 1$ parámetros, en el modelo logístico están implicados $(c - 1)(k + 1)$ parámetros. La definición del modelo politómico exige entonces que para cada variable independiente haya que estimar X_i efectos (coeficientes).

Como se recordará, en el caso dicotómico se construía una sola función a partir de la estimación de $k + 1$ parámetros: un intercepto y k coeficientes (uno para cada variable independiente).

Ahora se deben construir funciones (igual que antes: tantas funciones como posibles respuestas menos 1) y es menester, en este caso, estimar no uno sino $r - 1$ conjuntos de $k + 1$ parámetros.

Sintetizando: de lo que se trata es de obtener una manera de estimar la probabilidad de pertenencia a cada una de las r categorías para un sujeto que tiene un perfil específico de entrada $\mathrm{X}_1, \mathrm{X}_2, \cdots, \mathrm{X}_k$.

Supongamos que la variable dependiente Y toma tres posibles valores: 1 (delgado), 2 (normal) y 3 (obeso) y que definamos: $P_1 = P(\mathrm{Y} = 1)$, $P_2 = P(\mathrm{Y} = 2)$ y $P_3 = P(\mathrm{Y} = 3)$. El modelo logístico generalizado vincula a $\ln\left(\frac{P_1}{P_3}\right)$ y $\ln\left(\frac{P_2}{P_3}\right)$, en este caso, con las variables independientes mediante relaciones lineales.

$$\ln\left(\frac{P_1}{P_3}\right) = \alpha_1 + \beta_{11}\mathrm{X}_1 + \beta_{12}\mathrm{X}_2 + \cdots + \beta_{1k}\mathrm{X}_k$$

$$\ln\left(\frac{P_2}{P_3}\right) = \alpha_2 + \beta_{21}\mathrm{X}_1 + \beta_{22}\mathrm{X}_2 + \cdots + \beta_{2k}\mathrm{X}_k$$

Para estimar los parámetros del modelo se utiliza el método de máxima verosimilitud. Luego de estimar $\alpha_1, \beta_{11}, \beta_{12}, \cdots, \beta_{1k}$, $\alpha_2, \beta_{21}, \beta_{22}, \cdots, \beta_{2k}$ es sencillo calcular la probabilidad predicha de que un individuo esté en la primera clase (sea delgado) usando la siguientes fórmula derivada de las ecuaciones anteriores:

$$P_1 = \frac{e^{u1}}{1 + e^{u1} + e^{u2}} \qquad [6.1]$$

y de que se halle en la segunda (que sea normal) mediante la fórmula [6.2]:

$$P_2 = \frac{e^{u2}}{1 + e^{u1} + e^{u2}} \qquad [6.2]$$

donde

$$u1 = \alpha_1 + \beta_{11}X_1 + \beta_{12}X_2 + \cdots + \beta_{1k}X_k$$

y

$$u2 = \alpha_2 + \beta_{21}X_1 + \beta_{22}X_2 + \cdots + \beta_{2k}X_k$$

Finalmente, la probabilidad de que un individuo esté en la clase A_3 (caso $Y = 3$), se halla calculando el complemento respecto de 1 de las probabilidades calculadas. Es decir, la probabilidad de que un sujeto sea obeso vendría dada por:

$$P_3 = 1 - (P_1 + P_2) \qquad [6.3]$$

Las bases teóricas para una generalización de la regresión logística a este caso en que el número de categorías para la variable de respuesta es mayor que 2, pueden hallarse en Jones (1975).

En este caso la verosimilitud se define del mismo modo que antes (como el producto de las probabilidades que el método otorga a cada sujeto de que se halle en la clase a la que realmente pertenece) y, una vez concluido el proceso de estimación se obtienen los valores $-2\ln V_I$ y $-2\ln V_F$, con cuya diferencia se conforma el estadígrafo:

$$R = -2\ln\frac{V_F}{V_I}$$

Puede demostrarse que R se distribuye χ^2 con $(k)(r-1)$ grados de libertad de manera que por su conducto es posible evaluar la significación o aporte predictivo de las k variables explicativas tomadas de conjunto.

Las "salidas" de un programa que maneje este recurso típicamente consisten, como mínimo, en lo siguiente: estimación de los $r-1$ juegos de $k+1$ parámetros, valor de $-2\ln V_F$, donde V_F es, como antes, la función de verosimilitud (maximizada), y los valores de Ji-cuadrado con los cuales puede evaluarse tanto la influencia global de todas las variables como la de cada variable involucrada por separado. En cada caso, la comparación se realiza con el percentil que se elija (usualmente 95) de la distribución Ji-cuadrado. Para la evaluación del aporte de cada variable se trabaja con $r-1$ grados de libertad y para la prueba de la significación del conjunto de variables independientes, el estadígrafo empleado (χ^2 global) sigue la distribución χ^2 con $k(r-1)$ grados de libertad.

Para fijar las ideas, imaginemos que estamos ante una situación en que se trabajó con $r = 3$ posibles respuestas y $k = 4$ variables independientes[28].

Para ilustrar el uso de este modelo, consideremos los datos de un estudio en que, para cada sujeto que ingresó en un servicio de quemados, se midieron $k = 4$ variables que presumiblemente influían en su evolución: la edad (X_1) y los porcentajes de área corporal afectados por quemaduras hipodérmicas, dérmicas de tipo B y dérmicas de tipo A (X_2,X_3 y X_4 respectivamente). Se consideran $r = 3$ posibles respuestas al tratamiento en el momento del alta:

A1: muere (Y = 1)

A2: sobrevive con secuelas (Y = 2)

A3: sobrevive sin secuelas (Y = 3)

Se estudiaron 485 pacientes. Para que se aprecie la estructura de los datos, la Tabla 6.1 recoge los resultados obtenidos para los primeros 15 sujetos.

---

[28] La situación general con más categorías o más variables se deduce de inmediato.

TABLA 6.1. *Edad, grado de afectación por quemaduras y desenlace para los primeros 15 sujetos de una muestra de 485 ingresados en un servicio de quemados.*

Sujeto	Edad	% de quemaduras: Hipodérmicas	Dérmicas tipo B	Dérmicas tipo A	Y
1	32	12	21	10	1
2	69	8	12	11	2
3	39	10	16	38	1
4	21	2	0	1	3
5	47	0	17	6	2
6	19	0	12	9	3
7	19	0	48	8	2
8	23	23	25	23	1
9	24	3	30	12	3
10	32	3	32	0	2
11	18	3	22	2	3
12	23	0	12	12	3
13	33	0	1	23	3
14	23	0	0	18	3
15	17	3	13	2	3

En nuestro ejemplo, una vez que se aplicó SPSS, las 10 estimaciones resultantes fueron:

$$\alpha_1 = -6{,}209 \quad \beta_{11} = 0{,}050 \quad \beta_{12} = 0{,}139 \quad \beta_{13} = 0{,}095 \quad \beta_{14} = 0{,}071$$

$$\alpha_2 = -2{,}846 \quad \beta_{21} = 0{,}026 \quad \beta_{22} = 0{,}068 \quad \beta_{23} = 0{,}059 \quad \beta_{24} = 0{,}017$$

A partir de estas estimaciones, si se tiene un paciente cuyo perfil es, por ejemplo:

$$X_1 = 55 \quad X_2 = 22 \quad X_3 = 12 \quad X_4 = 7$$

usando las fórmulas [6.1], [6.2] y [6.3] se tendrá:

$$P(Y = 1) = 0{,}495 \quad P(Y = 2) = 0{,}359 \quad P(Y = 3) = 0{,}146$$

Si se tratara de otro con las mismas quemaduras pero de 18 años en lugar de 55, las probabilidades serían:

$$P(Y = 1) = 0{,}217 \quad P(Y = 2) = 0{,}379 \quad P(Y = 3) = 0{,}404$$

de modo que en este último caso la probabilidad de muerte sería mucho más reducida y la de terminar el proceso sin secuelas crecería apreciablemente.

Por otra parte, los valores de χ^2 para las cuatro variables fueron, respectivamente: 39,22, 33,57, 59,21 y 87,03.

Comparados con 5,9, el percentil 95 de la Ji-cuadrado con 2 grados de libertad, todas resultan altamente significativas. El valor observado del estadígrafo R fue de 208.46, desde luego, también muy significativo, ya que es mucho mayor que 14,1, el percentil correspondiente de Ji-cuadrado con 8 grados de libertad.

Para evaluar la capacidad predictiva del modelo, éste se aplicó a 512 pacientes ingresados el año siguiente (y, por ende, no involucrados en el proceso de estimación) y se calcularon para cada individuo (naturalmente, a través de [6.1], [6.2] y [6.3]) las 3 probabilidades correspondientes a las respectivas clases.

Se vaticinó que el sujeto caería en aquella clase a la que se asociaba el mayor de los tres valores. En la Tabla 6.2 se refleja el resultado de "cruzar" tales vaticinios con los datos reales.

TABLA 6.2. *Clasificación cruzada de los 512 casos según el vaticinio producido por la RL y la pertenencia real a las 3 clases consideradas.*

		Predicción según el modelo predictivo		
		A_1	A_2	A_3
Datos reales	A_1	124	2	13
	A_2	0	130	38
	A_3	11	54	140

Como se ve a simple vista, el grado de concordancia es bastante bueno: se alcanzó un 78% de acierto absoluto (coincidencia entre vaticinio y realidad). Para evaluar el grado de concordancia conseguido una vez que se elimina el efecto del azar, se computó el valor del coeficiente kappa tal y como se explica en Fleiss(1982). El resultado fue kappa = 0,66, un número considerablemente alto (por lo demás, muy significativamente diferente de 0).

Hemos considerado el caso en que la variable de respuesta es nominal: puede tomar valores, correspondientes a clases o categorías excluyentes. Naturalmente, este enfoque admite específicamente el caso más restrictivo en que esas categorías pueden, además, ordenarse de "menor" a "mayor" (o viceversa).

Tal es la situación, pongamos por caso de una clasificación creada para pacientes asmáticos que han sido tratados con algún procedimiento y que, luego de su evaluación, fueron ubicados en una de las siguientes clases:

1: empeora marcadamente
2: empeora
3: se mantiene igual
4: mejora
5: mejora notablemente

Para una situación como esta, se ha sugerido una variante alternativa específica que se conoce como modelo de regresión logística ordinal, a la que destinaremos la siguiente sección.

6.3. Regresión logística con respuesta ordinal

Frecuentemente los investigadores tienen que enfrentar problemas donde las observaciones están medidas en una escala limitada (por ejemplo, 1 a 4 ó de 1 a 8) y que siguen cierto orden o jerarquía. En epidemiología y salud pública pueden presentarse, en efecto, variables de respuesta de naturaleza ordinal; por ejemplo, "satisfacción de los usuarios con los servicios sanitarios", "percepción del riesgo a la salud"; una escala con cinco categorías; para esta última podría ser: muy mala, mala, regular, buena y muy buena. En esta situación es donde resulta procedente el empleo de los modelos de *regresión logística ordinal* (RLO).

En principio, ante respuestas ordinales se pueden adoptar distintas estrategias de análisis, ninguna de ellas exenta de dificultades. Una primera alternativa puede ser, como ya se consignó, no considerar el carácter ordinal y proceder como en el caso de las variables nominales. Una segunda puede ser la de asignar valores numéricos a las categorías y utilizar el modelo de regresión lineal. Esta opción tiene el grave inconveniente de que distintas asignaciones de valores a las categorías puede dar resultados diferentes, aparte de que la respuesta no estaría necesariamente constreñida al intervalo (0,1), como debe ser. Como tercera alternativa esta la de dicotomizar las categorías y utilizar la RL binaria. Esta estrategia no es necesariamente incorrecta, pero se recomienda usarla con precaución.

Estas dificultades han llevado al desarrollo de distintos modelos que incorporan en su definición el carácter ordinal de la respuesta; entre ellos tenemos: el modelo de razón de continuidad (*continuation ratio model*) propuesto por Fienberg (1979), el modelo de *odds* proporcionales (McCullagh, 1980) y la extensión a este modelo (*partial proportional odds model*) propuesto por Peterson (1990). Greenland (1994) y Armstrong (1989) son dos buenas referencias sobre modelos logísticos con respuesta ordinal.

A continuación profundizaremos la interpretación de los coeficientes del *modelo de odds proporcional.*

Para variables ordinales tiene sentido considerar la categoría s de la variable de respuesta ordinal; denotemos por $Y \leq s$ una nueva categoría constituida por todas las categorías no superiores a s,

$$P(Y \leq s) = P(Y = 1) + P(Y = 2) + \cdots + P(Y = s)$$

es la probabilidad de que la variable de repuesta tome un valor menor o igual que s; esta es la probabilidad acumulativa correspondiente a la categoría s. El cociente:

$$\frac{P(Y \leq s)}{1 - P(Y \leq s)} = \frac{P(Y \leq s)}{P(Y > s)}$$

se puede interpretar como *odds acumulativo* de tener una respuesta menor o igual a s, respecto de tenerla mayor que s.

Una posibilidad para respuestas ordinales consiste en operar con un modelo que trabaje con el *logit acumulativo*, el cual puede ser representado como una función lineal de las variables independientes.

$$\operatorname{logit}\left(\sum_{j=1}^{h} P_j\right) = \ln \frac{\sum_{j=1}^{h} P_j}{1 - \sum_{j=1}^{h} P_j} = \alpha_h + \sum_{i=1}^{k} \beta_i X_i$$

Esta variante es tal que solo cambia el intercepto para los diferentes submodelos; o sea, significa que para cada logit los parámetros del modelo son los mismos, excepto el valor de α.

Por ejemplo, supongamos que la variable dependiente Y toma valores 1 para la categoría "mejora", 2 para "mejora algo" y 3 para "no-mejora", y consideremos $P_1 = P(Y = 1)$, $P_2 = P(Y = 2)$ y $P_3 = P(Y = 3)$.

El modelo de regresión logística ordinal para la relación entre el *logit acumulativo* de Y abarca a dos magnitudes $\ln\frac{P_1}{1-P_1} = \ln\frac{P_1}{P_2+P_3}$ y $\ln\frac{P_1+P_2}{1-(P_1+P_2)} = \ln\frac{P_1+P_2}{P_3}$. Se asume que existe una relación lineal para cada *logit* y que las curvas de regresión son paralelas.

$$\text{logit}(P_1) = \ln\frac{P_1}{1-P_1} = \alpha_1 + \beta_1 X_1 + \beta_2 X_2 + \cdots + \beta_k X_k$$

$$\text{logit}(P_1 + P_2) = \ln\frac{P_1+P_2}{P_3} = \alpha_2 + \beta_1 X_1 + \beta_2 X_2 + \cdots + \beta_k X_k$$

Es fácil ver que bajo estos supuestos el *odds* de $\frac{P_1}{1-P_1}$ y el de $\frac{P_1+P_2}{P_3}$ son proporcionales.

$$\frac{P_1}{1-P_1} = \exp\alpha_1 \times \exp\,(\beta_1 X_1 + \beta_2 X_2 + \cdots + \beta_k X_k),$$

$$\frac{P_1+P_2}{P_3} = \exp\alpha_2 \times \exp(\beta_1 X_1 + \beta_2 X_2 + \cdots + \beta_k X_k) = \text{constante} \times \left(\frac{P_1}{1-P_1}\right)$$

donde la *constante* es igual a: $\exp(\alpha_1 - \alpha_2)$, de ahí el nombre de modelo de *odds* proporcionales.

La estimación máximo verosímil es también aquí la que se emplea para obtener los parámetros del modelo. Luego de obtener las estimaciones para α_1, α_2, β_1, $\beta_2, \cdots$, β_k, ya es sencillo computar las probabilidades predichas por el modelo a través de las ecuaciones siguientes:

$$P_1 = \frac{1}{1 + \exp\,(-\alpha_1 - \beta_1 X_1 - \beta_2 X_2 - \cdots - \beta_k X_k)} \qquad [6.4]$$

$$P_1 + P_2 = \frac{1}{1 + \exp\,(-\alpha_2 - \beta_1 X_1 - \beta_2 X_2 - \cdots - \beta_k X_k)} \qquad [6.5]$$

$$P_3 = 1 - (P_1 + P_2) \qquad [6.6]$$

Si el coeficiente β_i es positivo, entonces Y = 1, la probabilidad de que Y = 1 (mejora), así como la probabilidad acumulativa de que Y = 1 (mejora) ó que Y = 2 (mejora algo) $P_1 + P_2$ serán altas para valores altos de X_i. Si, por el contrario, β_i es negativo P_1 y $P_1 + P_2$ serán bajos para valores altos de X_i.

Consideremos que se quiere evaluar la eficacia de un nuevo esquema de tratamiento para la artritis y que para ello se diseña un ensayo clínico controlado en grupos paralelos, conformado por un grupo de pacientes que denominaremos *activo* que se somete al nuevo esquema de tratamiento, y un grupo que recibe como tratamiento un *placebo*. La variable de respuesta que medirá el efecto de los tratamientos es "*MEJORAR*" y posee tres niveles o categorías: 0 si los pacientes mejoran, 1 si presentan algo de mejoría y 2 si no mejoran o empeoran. Admitamos también que se consideran $k = 3$ variables independientes:

Edad de los pacientes (EDAD).
Sexo de los sujetos incluidos en el estudio (SEXO): 1 si es mujer y 0 si se es hombre
Tratamiento (TRATA): 1 para el grupo activo y 0 para el otro grupo.

Los resultados se resumen en la Tabla 6.3.

TABLA 6.3. *Distribución de pacientes según grupo de estudio asignado, sexo y respuesta al tratamiento recibido.*

SEXO	TRATAMIENTO	MEJORA			Total
		No	Algo	Sí	
Femenino	Activo	6	5	16	27
	Placebo	19	7	6	32
Masculino	Activo	7	2	5	14
	Placebo	10	0	1	11

Si se ajusta un *modelo de odds proporcionales* (mediante un programa adecuado) a estos datos, se obtienen las estimaciones de la Tabla 6.4.

TABLA 6.4. *Estimación del* modelo de odds proporcional.

Variables	Estimación	Ji-cuadrado	Significación	exp(β)	IC para exp(β)	
					Inferior	Superior
Constante 1	$\alpha_1 = -4{,}68$					
Constante 2	$\alpha_2 = -3{,}78$					
SEXO	$\beta_1 = 1{,}25$	5,53	**0,0187**	3,496	1,232	9,918
EDAD	$\beta_2 = 0{,}04$	4,23	**0,0396**	1,039	1,002	1,077
TRATA	$\beta_3 = 1{,}74$	13,38	**0,0003**	5,72	2,248	14,594

Las probabilidades individuales (para cada nivel de respuesta) son: $P(Y = 0$, Mejora), $P(Y = 1$, Mejora algo), $P(Y = 2$, No mejora) y las probabilidades acumulativas son: $P(Y = 0$, Mejora), $P(Y \leq 1$, Mejora o Mejora algo), y la última probabilidad acumulativa, $P(Y \leq 2$, Mejora, Mejora algo o no mejora) la que es igual a 1.

Para este ejemplo, el supuesto de *odds* proporcionales se justifica, pues el valor de la Ji-cuadrado ($\chi^2 = 2{,}49$) tiene un valor de p asociado de 0,47 y por ende la hipótesis de que las curvas de regresión para los logit acumulativos son paralelas no puede ser rechazada.

El esquema de tratamiento aplicado a los pacientes con artritis tiene un efecto significativo ($p = 0{,}0003$) sobre la probabilidad de mejorar, $P(Y = 1)$ y sobre la probabilidad de mejorar o mejorar algo, $P(Y \leq 2)$ una vez controlado el efecto de la edad y el sexo. Este efecto se incrementa al aplicar el tratamiento activo.

Es casi seis (*odds ratio* = 5,72) veces más probable mejorar o mejorar algo cuando se está bajo el nuevo esquema de tratamiento que cuando se suministra un tratamiento placebo para la artritis, independientemente del sexo y la edad que se tenga.

Supongamos que se está ante un hombre de 55 años de edad con artritis quien se somete al tratamiento activo; su probabilidad de mejorar se estimaría, según [6.4] del modo siguiente:

$$P_1 = \frac{1}{1 + \exp\left(4{,}68 - (0{,}04)\,(55) - 1{,}74\right)} = 0{,}32$$

Esto quiere decir que se estima que, aproximadamente, el 32% de los sujetos que posean el perfil mencionado mejoraran con el nuevo tratamiento.

La probabilidad de mejorar o mejorar algo para este sujeto es según [6.5] la siguiente:

$$P_1 + P_2 = \frac{1}{1+\exp\left(3,78-(0,04)(55)-1,74\right)} = 0,54$$

El 54% de los hombres con 55 años de edad mejoran o tendrán algo de mejoría con el esquema de tratamiento novedoso.

Las Figuras 6.1 y 6.2 muestran que la probabilidad de mejoría es mayor con el tratamiento activo que con el placebo, independientemente de la edad y del sexo. Como se ve, las mujeres exhiben probabilidades de mejorar (P_1) con el tratamiento activo mayores a la de los hombres.

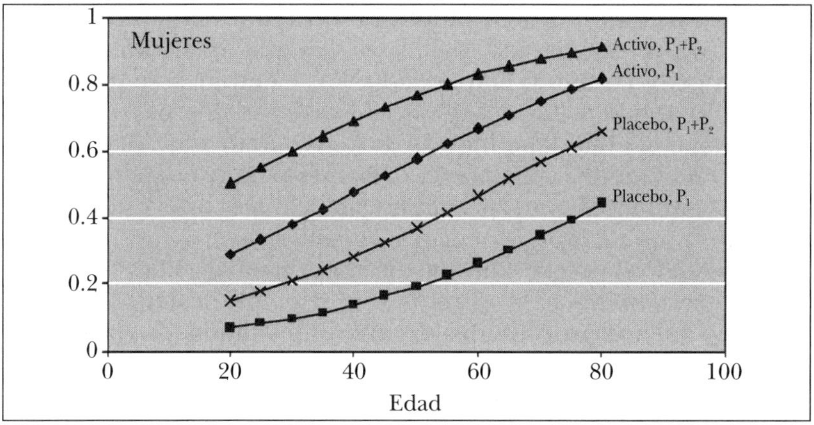

FIGURA 6.1. *Probabilidades predichas por el* modelo de odds *proporcionales para las mujeres.*

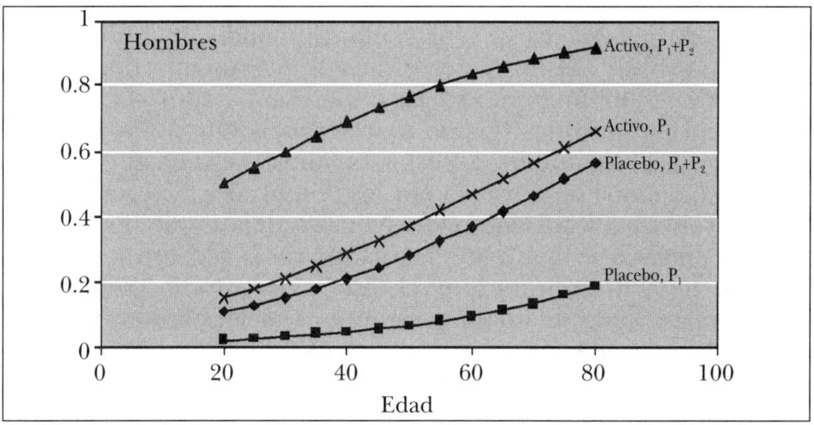

FIGURA 6.2. *Probabilidades predichas por el* modelo de odds *proporcionales para los hombres.*

El modelo formal y algunas aplicaciones pueden hallarse, por ejemplo, en el trabajo de Ashby, West y Ames (1979) y en Mc Cullagh (1980). Una revisión del tema puede consultarse en Hastie, Botha y en Schnitzler (1989).

6.4. Regresión logística condicional

Hasta el momento solo hemos considerado situaciones en que las variables son mutuamente independientes. Pero, esto no necesariamente es así. Cabe preguntarse, ¿cómo ha de procederse si las observaciones, por ejemplo, estuvieran emparejadas? Se podría pensar en incluir variables *dummy* que indicaran el efecto de cada par o conjunto emparejado. Por ejemplo, si se tuviera 58 casos emparejados, habría que incluir 57 variables *dummy* para contemplar la no-independencia de las covariables que se quieran incluir en el modelo. Esto sería obviamente muy engorroso, además de complejo de interpretar. En situaciones como esta se recomienda el uso de la *regresión logística condicional.*

El modelo de regresión logística condicional (RLC) se aplica cuando se tienen varios estratos (por ejemplo, categorías en la edad), o sujetos procedentes de diferentes unidades (por ejemplo, hospitales) o pares (emparejamiento) y se desea estimar la asociación entre la exposición en cada estrato y la variable dependiente. En epidemiología el diseño que usa con mayor frecuencia el modelo RLC es el de casos y controles emparejados. En los estudios de casos y controles, como ya se comentó en la sección 1.3, se estudian los sujetos que presentan la condición o desenlace (casos) en busca de los factores que supuestamente tienen una relación causal con el desenlace y son comparados con su presencia en los controles (grupo de referencia que no presenta la característica en estudio). En estos estudios se estima el *odds ratio,* medida que debe ser ajustada por los potenciales factores de confusión, ya sea en el diseño o en el análisis del estudio. Este ajuste es más eficiente cuando se emparejan casos y controles por la variable de confusión durante el diseño del estudio. Este puede hacerse para cada sujeto (por ejemplo, se selecciona un control de la misma edad y sexo para cada caso) o en grupo (se selecciona un grupo de controles con una distribución similar de edades y sexo para los casos).

El diseño de los estudios de casos y controles emparejados

genera una estructura en los datos que debe ser considerada en la estimación de los parámetros del modelo. Breslow (1982) describió el modelo de regresión logística condicional para evaluar los efectos de las variables independientes en el odds de la variable de respuesta en estudios retrospectivos que involucran casos y controles emparejados.

El modelo de regresión logística condicional (RLC) se especifica de igual manera que el modelo de RL que se vio en las secciones precedentes, salvo que el coeficiente α no es un término fijo sino que se le permite variar entre los grupos formados por los pares o conjuntos emparejados.

Supongamos, que se tienen controles emparejados por cada caso a través de las variables $Z_1, Z_2, \cdots, Z_k$. Entonces, el riesgo de que la condición se produzca asociada con las variables no emparejadas $X_1, X_2, \cdots, X_p$ para cada miembro del j-ésimo par emparejado puede representarse del modo siguiente:

$$p(\mathrm{Y}=1|\mathrm{X})=\frac{\exp\left(\alpha_{\mathrm{j}}+\sum_{\mathrm{i}=1}^{p}\beta_{\mathrm{i}}\mathrm{X}_{1}\right)}{1+\exp\left(\alpha_{\mathrm{j}}+\sum_{\mathrm{i}=1}^{p}\beta_{\mathrm{i}}\mathrm{X}_{1}\right)} \qquad [6.7]$$

El coeficiente α_j representa el efecto de las variables emparejadas para el j-ésimo par, mientras que los coeficientes β_i representan el efecto adicional de las variables independientes X_i. En el modelo [6.4] se aprecia que la relación entre cada variable X_i y el riesgo de que la condición se produzca es la misma para cada par o conjunto emparejado. Como puede apreciarse, el modelo posee diferentes interceptos para los respectivos estratos.

El logit del suceso Y = 1 según el modelo [6.7] es el que sigue:

$$\ln=\frac{p(\mathrm{Y}=1|\mathrm{X})}{1-p(\mathrm{Y}=1|\mathrm{X})}=\alpha_{\mathrm{j}}+\sum_{i=1}^{p}\beta_{\mathrm{i}}\mathrm{X}_{\mathrm{i}}$$

Así, para cada sujeto que sea idéntico en las variables pareadas $Z_1, Z_2, \cdots, Z_k$, el *odds ratio* de enfermar para cada sujeto con valores $X_1^*, X_2^*, \cdots, X_p^*$ comparado con valores $X_1^0, X_2^0, \cdots, X_p^0$, está dado por

$$\frac{O(X^*)}{O(X^0)} = \exp\left[\sum_{i=1}^{p} \beta_i \left(X_i^* - X_i^0\right)\right]$$

Por tanto, los coeficientes estimados de la regresión logística condicional son interpretados de igual manera a como se hizo en la regresión logística no-condicional.

Con el modelo de RLC se trabaja de la misma manera que con el de regresión logística regular o no-condicional, excepto que se necesita especificar a qué par o conjunto de emparejamiento pertenece cada sujeto en estudio. Ninguna de las variables usadas para el emparejamiento puede ser valorada como factor de riesgo de la condición que se estudia debido a que los controles son seleccionados para ser "iguales" a los casos en relación con la variable del emparejamiento.

Consideremos el ejemplo que presentan Hosmer y Lemeshow (2000). Las madres con niños con bajo peso al nacer fueron emparejadas en cuanto a la edad con las madres con niños que tuvieron un peso normal. Se consideró un niño con bajo peso a aquel que naciera con un peso inferior a los 2500 gramos.

En este estudio se tomó como variable de respuesta, entonces, el hecho de que una madre tuviera un niño con bajo peso en el momento del parto(BPN): ésta se codificó con valor 1 si al nacer un niño tuvo un peso inferior a los 2500 gramos y 0 en caso contrario. Se recogió información de las siguientes variables:

Peso de la madre: último peso tomado antes del parto (*UP*).
Hábito tabáquico: 1 si fumaba durante el embarazo y 0 si no lo hacía (*FUMA*).
Abortos pretérminos: 1 si había tenido al menos un aborto y 0 en caso contrario (*APT*).
Hipertensión: 1 si es hipertensa y 0 si no lo es (*HTA*).
Irritabilidad uterina: 1 si padecía de irritabilidad uterina y 0 en caso opuesto (*IU*).

Luego de ajustar el modelo de RLC con todas estas variables independientes, se obtuvieron las estimaciones de los coeficientes que aparecen en la Tabla 6.5.

TABLA 6.5. *Resultados del ajuste del modelo de RLC con las cinco variables independientes involucradas en el estudio.*

	Estimación	Error Estándar	Significación	Exponencial de los coeficientes
UP	-0,015	0,008	0,064	0,985
FUMA	1,480	0,562	**0,008**	**4,391**
APT	1,670	0,747	**0,025**	**5,315**
HTA	2,329	1,003	**0,020**	**10,271**
IU	1,345	0,694	0,053	3,838

El valor de Ji- cuadrado de la prueba de bondad de ajuste es χ^2 = 0,89 y el valor de p asociado es de 0,642, valor que permite no rechazar la hipótesis de la existencia de un buen ajuste del modelo. Nótese que el coeficiente independiente no figura en la tabla. Ello se debe a que carece de interpretación de interés en el contexto de los estudios de casos y controles. En los estudios de cohorte, éste es vital para poder construir funciones predictivas, pero ello, obviamente, es imposible en los estudios retrospectivos.

Seigel and Greenhouse (1973) mostraron que el modelo de regresión logística no condicional en datos de estudios que involucran emparejamiento provee estimaciones de los coeficientes β sesgados hacia cero, así como que las estimaciones de la varianza obtenidas por el modelo de regresión logística no condicional en estos casos son incorrectas.

Si los casos y los controles han sido emparejados según cierta variable que está asociada con la exposición en estudio, un análisis que no tome en cuenta dicho emparejamiento traerá como resultado que la estimación del odds *ratio* estará sesgada hacia la unidad.

6.5. REGRESIÓN LOGÍSTICA EN DISEÑOS MUESTRALES COMPLEJOS

Como se mencionó en la Sección 6.4, en las secciones anteriores se describió el análisis de RL bajo el supuesto de que las observaciones eran independientes. En muchas situaciones donde se trabaja con datos categóricos, el supuesto de independencia no puede mantenerse, e ignorar la correlación que pudiera existir entre las observaciones de un mismo grupo de sujetos puede llevar a estimaciones incorrectas de la varianza para los parámetros del modelo de regresión, (Barroso, Cañizares y Lera, 2002).

El principal propósito en la mayoría de los modelos de regresión logística es analizar la influencia de ciertas covariables sobre la variable de respuesta. Debido a que el interés primario está enfocado hacia esta relación, la correlación que existe entre las variables independientes debido a la estructura que poseen los datos a menudo no es tenida en cuenta en el análisis.

Datos bajo la estructura de conglomerados pueden obtenerse por múltiples vías. La más frecuente se produce cuando se realiza un estudio transversal donde la muestra se ha obtenido usando diseños complejos: estratos, etapas y probabilidades desiguales de selección. Otra situación puede darse en estudios de cohorte o de casos y controles con medidas repetidas, donde se realizan varias mediciones a un mismo individuo durante un cierto lapso. Tal estructura también puede generarse en ensayos clínicos aleatorizados en los que varios grupos de sujetos son sometidos a diferentes tratamientos (véase Figura 6.3).

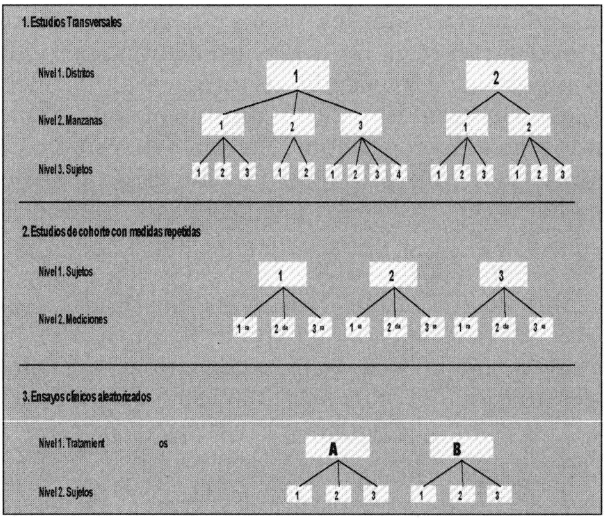

Figura 6.3. *Estructura de datos jerárquica o de conglomerados.*

Los paquetes estadísticos convencionales generalmente no reparan en la estructura de los datos para la estimación de las varianzas; parten del supuesto de que los datos provienen de un muestreo simple aleatorio, desdeñando así las interacciones de los datos, además de que tal vez las observaciones tuvieron probabilidades desiguales de selección, cosa que también ha de contemplarse si ese fuera el caso.

La ecuación de estimación generalizada, GEE (*generalized esti-*

mating equations) se aplica a los modelos de regresión donde las variables independientes están correlacionadas, pues toman en cuenta la dependencia que pueden tener las observaciones dentro de los estratos (Preisser y Koch, 1997). El método GEE puede verse como una extensión de los modelos lineales generalizados MLG (*generalized linear models*) en muestras procedentes de diseños que hicieron selección de conglomerados (McCullagh y Nelder, 1989).

Los MLG son una generalización natural de los modelos lineales clásicos para observaciones independientes. Estos se aplican tanto en el caso de respuesta continua como categórica; incluye la regresión lineal y los modelos del análisis de varianza, los modelos probit y logit para respuestas categóricas, los modelos log-lineales y modelos para respuesta multinomial y los modelos usados en datos de supervivencia.

Influencia de la estructura de los datos en la estimación de los parámetros

El efecto que tienen los diseños muestrales complejos sobre la estimación de los parámetros ha sido poco estudiado. Algunos programas de regresión logística operan con los datos sin más, dando por sobreentendido que la información de entrada corresponde a una muestra simple aleatoria. Otros programas permiten que se asignen ponderaciones a los datos (tal es el caso, por ejemplo, de SPSS) de modo que se puede ajustar un modelo de RL teniendo en cuenta el ocasional carácter no equiprobabilístico de una muestra. Y, finalmente, existen aplicaciones informáticas (por ejemplo, STATA y SUDDAN) que contemplan la posibilidad de que el usuario informe acerca del diseño muestral. Dichos programas trabajan con algoritmos acordes a las estructuras de correlación que tales diseños inducen en los datos (véase Silva, 2000).

Cabe preguntarse en qué medida es menester emplear estos programas especializados. Dicho de otro modo, ¿se diferencian apreciablemente los resultados que se obtienen en dependencia de que se tengan en cuenta estos detalles técnicos o, por el contrario, no es necesario "molestarse" con ello, ya que es esencialmente lo mismo aplicar los programas convencionales a cualquier juego de datos, independientemente de su procedencia y de su estructura?

Para valorar los efectos que puede generar la estructura de los datos sobre las estimaciones de los parámetros de RL y sus errores estándares, se apeló en primer lugar a la generación de una base de datos usando técnicas de simulación. Con ese fin se empleó un conjunto de reglas probabilísticas concebidas para producir una estructura poblacional prefijada en la que tanto la composición demográfica como las relaciones entre variables se preestablecieron de manera realista. A continuación se seleccionaron dos muestras no equiprobabilísticas de dicha población, ambas en etapas, del modo que se expone más adelante. Finalmente, se aplicaron programas de RL que contemplaran y que no contemplaran la estructura del diseño muestral con el fin de valorar las posibles diferencias de las estimaciones.

Estructura de la población

Se construyó una población distribuida en 4 zonas geográficas (estratos), cada una con cierto número de distritos. Dentro de cada uno de los distritos se simuló cierto número de viviendas (relativamente uniforme entre distritos). En cada una de estas últimas, finalmente, se simuló cierto número de individuos (entre 1 y 10).

A cada vivienda se le asoció un nivel socioeconómico, el cual se atribuyó a todos sus ocupantes. A cada sujeto se le asignó una edad y un número de caries, así como un 1 o un 0 en dependencia de que el sujeto haya o no asistido a la consulta estomatológica en los últimos cinco años. Gráficamente, la situación podría representarse como se muestra en la Figura 6.4.

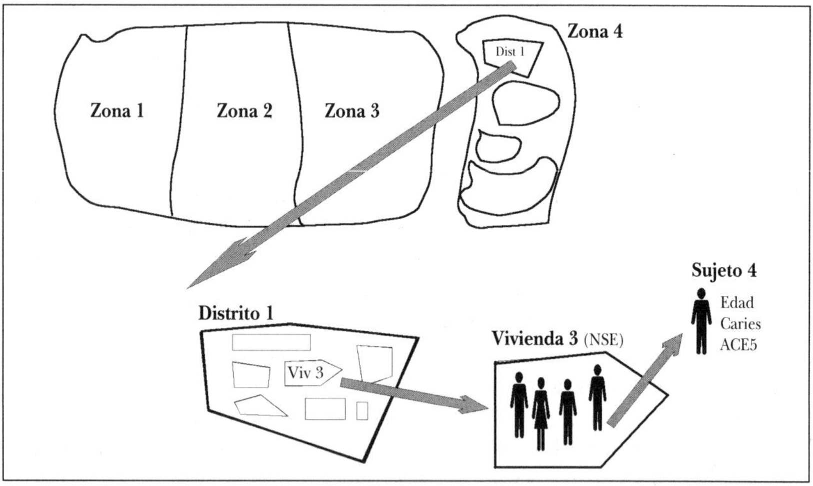

FIGURA 6.4. *Esquema que representa la estructura poblacional y las variables en la población simulada.*

Formalmente, las variables que conformaron la base de datos de la población simulada son las siguientes:

Zona de residencia de los sujetos: de 1 a 4 que identifican cada zona (*ZONA*).
Número del distrito de residencia dentro de cada zona (*DISTRITO*).
Número de vivienda dentro de cada distrito (*VIVIENDA*).
Nivel de desarrollo socioeconómico de la familia:1, 2, 3 y 4 (*NSE*) (a mayor valor de la variable, mejor es el nivel socioeconómico).
Edad del sujeto en años (*EDAD*).
Número de caries (*CARIES*).
Asistencia a la consulta estomatológica en un periodo de cinco años: 0 indica que no asistió a la consulta y 1 que sí lo hizo (*ACE5*).

El resultado de tal proceso dio lugar a una población con 9.234 sujetos. Su composición estructural se muestra en la Tabla 6.6.

TABLA 6.6. *Distribución de distritos, viviendas y habitantes por zonas. Valores medios de EDAD, NSE, CARIES y ACE5 por zonas.*

Zona	Frecuencia			Media			ACE5 %
	Distrito	Vivienda	Habitantes	EDAD	NSE	CARIES	
1	32	567	2164	39,44	1,79	1,102	39,8
2	48	838	3286	40,77	2,10	0,659	37,6
3	24	427	1662	39,15	2,94	0,420	25,5
4	30	561	2122	40,40	3,14	0,152	23,2
Total	134	2393	9234	40,08	2,42	0,675	32,7

Muestras seleccionadas

De esta población se extrajeron dos muestras con diseños diferentes: una estratificada por conglomerado monoetápico (ECM) y otra estratificada por conglomerado bietápico (ECB).

Para la selección de la primera se operó con las cuatro zonas geográficas, que hicieron las veces de estratos. De cada una se tomaron al azar 40 viviendas en calidad de unidades de primera etapa (UPE) y se incluyeron en la muestra todas las unidades de análisis (habitantes) pertenecientes a las viviendas elegidas. La Tabla 6.7 recoge la información relevante para la muestra ECM resultante.

TABLA 6.7. *Distribución de las viviendas y habitantes por zonas, así como la probabilidad de selección para la muestra ECM.*

Zona	Cantidad de viviendas	Viviendas seleccionadas*	Cantidad de Residentes	Probabilidad de selección	Ponderación
1	567	40	154	0,071	14,18
2	838	40	147	0,048	20,95
3	427	40	149	0,094	10,68
4	501	40	153	0,071	14,03
Total	2393	160	603		

* Nótese que el número de habitantes no es fijo sino que depende de cuales hayan sido las 40 viviendas que resultaron seleccionadas.

Por ejemplo, la probabilidad de selección de todos los sujetos de la Zona 1 de la muestra fue: $40/567 = 0,071$. La ponderación, como es usual, es el inverso de la probabilidad de selección (14,18 en el caso de la Zona 1).

Para la selección de la muestra con diseño estratificado por conglomerado bietápico (ECB) se trabajó con los mismos estratos, conformados por las cuatro zonas geográficas. De cada una de ellas se seleccionaron distritos como unidades de primera etapa (3, 6, 3 y 3 distritos respectivamente)[29]. En cada uno de los 15 distritos así elegidos se tomaron exactamente 40 sujetos aleatoriamente (MSA). Los datos se pueden ver en la Tabla 6.8.

La probabilidad de selección de un individuo de la muestra fue:

$$\frac{d}{D} \times \frac{40}{S}$$

[29] Cabe aclarar que no hay una razón especial para haber elegido estos tamaños. Sólo se quería producir un diseño no equiprobabilístico y se eligieron estos números de distritos, como podrían haber sido cualesquiera otros..

TABLA 6.8. *Distribución de las viviendas y habitantes por zonas para la muestra ECB y valores medios de EDAD, NSE, CARIES y NAE por zonas.*

Zona	Cantidad de distritos	Número del distrito seleccionado	Cantidad de Residentes	Número de sujetos elegidos	Probabilidad de selección	Ponderación
		11	60	40	0,063	16,00
1	32	17	71	40	0,053	18,93
		23	78	40	0,048	20,80
		6	59	40	0,085	11,80
		10	88	40	0,057	17,60
2	48	15	52	40	0,096	10,40
		30	75	40	0,067	15,00
		33	78	40	0,064	15,60
		42	68	40	0,074	13,60
		12	67	40	0,075	13,40
3	24	14	91	40	0,055	18,20
		18	57	40	0,088	11,40
		4	63	40	0,063	15,75
4	30	12	71	40	0,056	17,75
		14	76	40	0,053	19,00
Total	134	15	1054	600		

donde *d* representa el número de distritos seleccionados en su zona, *D* el número total de distritos de su zona y *S* el número de residentes del distrito al que pertenece.

Por ejemplo, la probabilidad de selección de los sujetos del distrito 11 de la primera zona en la muestra fue: $\frac{3}{32} \times \frac{40}{60} = 0{,}063$ y para los sujetos del distrito 6 de la zona 2 fue: $\frac{6}{48} \times \frac{40}{59} = 0{,}085$.

En este punto se ajustaron los modelos de RL a cada una de las dos muestras. En ambos casos se emplearon los siguientes procedimientos:

a) Modelo de RL convencional (RL): el apropiado cuando existe independencia entre las observaciones y que la muestra es equiprobabilística.
b) Modelo de RL ponderada (RLP): donde se aplicaron los

pesos muestrales (inverso de las probabilidades de selección).

c) Modelo de RL ajustada usando la ecuación de estimación generalizada (RLA): en este caso, además de considerar los pesos muestrales, se toma en cuenta la estructura de conglomerados de los datos.

Para aplicar los métodos RL y RLP se usó el paquete estadístico SPSS versión 10.0. Los programas SUDAAN 7.5 y STATA 7.0 se emplearon para aplicar el tercer método (RLA).

SUDDAN, a su vez, realiza estimaciones de la varianza por dos métodos: el método de linealización de Taylor y los métodos de replicación (Jackknife y Balanced Repeated Replication).

Las estimaciones de los coeficientes para el modelo de RL obtenidos a través de los métodos RL, RLP y RLA para las muestras estratificadas por conglomerados monoetápica y bietápica se observan en las Tablas 6.9 y 6.10.

Al comparar estos tres métodos (RL, RLP y RLA) se aprecia que la estimación de los coeficientes de la RLP y RLA son los mismos; los errores estándares en cada método, sin embargo, son diferentes.

TABLA 6.9. *Estimaciones de los coeficientes de la regresión logística para la asistencia a la consulta estomatológica en un periodo de cinco años y su error estándar (debajo) para la muestra estratificada monoetápica.*

Variables independientes	**RL** SPSS	**RLP** SPSS	**RLA**	
			STATA y SUDDAN (Taylor)	SUDAAN (JACKKNIFE)
Intercepto	–0,705 (0,350)	–0,583 (0,090)	–0,583 (0,317)	–0,583 (0,326)
EDAD	–0,002 (0,005)	–0,004 (0,001)	–0,004 (0,006)	–0,004 (0,006)
CARIES	2,513 (0,262)	2,471 (0,067)	2,471 (0,435)	2,471 (0,513)
NSE	–0,485 (0,117)	–0,503 (0,031)	–0,503 (0,092)	–0,503 (0,097)

TABLA 6.10. *Estimaciones de los coeficientes de la regresión logística para la necesidad de tratamientos estomatológico y su error estándar (debajo) para la muestra estratificada bietápica.*

Variables independientes	**R** SPSS	**RLP** SPSS	**RLA**	
			STATA y SUDDAN (Taylor)	SUDAAN (JACKKNIFE)
Intercepto	–1,271 (0,406)	–1,197 (0,102)	–1,197 (0,526)	–1,197 (0,543)
EDAD	0,002 (0,006)	0,000 (0,002)	0,001 (0,006)	0,001 (0,006)
CARIES	2,281 (0,246)	2,313 (0,064)	2,313 (0,361)	2,313 (0,367)
NSE	-0,316 (0,121)	–0,332 (0,030)	–0,332 (0,133)	–0,332 (0,138)

En relación con los paquetes estadísticos, el modelo GEE ajustado con STATA y SUDDAN arroja las mismas estimaciones tanto para los coeficientes como para sus errores estándares. El hecho de que las estimaciones del modelo ajustado por el procedimiento Jackknife sean muy similares a las que produce la aproximación de Taylor nos habla de la confiabilidad del procedimiento, pues este último obtiene las estimaciones usando una técnica radicalmente diferente (basados en replicaciones y una formulación analítica respectivamente).

Aquí hay que resaltar que para el ajuste del modelo según RLA con STATA solo se requiere especificar la variable que conforma el estrato y la UPE. Sin embargo, a pesar de que SUDDAN exige que se especifiquen ambas etapas (UPE y USE), los resultados de las estimaciones son idénticos. Da lo mismo que se ponga o no información de la segunda etapa de muestreo en ambos paquetes estadísticos.

Aunque la simulación se ha hecho una sola vez, e independientemente de que un examen más exhaustivo sería sin duda bienvenido, el hecho de que para una situación puntual los programas empleados arrojen resultados diferentes en dependencia de que contemplen las ponderaciones o no, y de que se tenga en cuenta o no el diseño muestral aconseja tener muy en cuenta estos detalles.

6.6. Tamaño de muestra para el uso de la regresión logística

Una de las ventajas de la RL consiste en que permite el manejo de numerosas variables con relativamente pocos casos. Sin embargo, hay que adoptar algunas precauciones, especialmente cuando el número de variables independientes es elevado.

Como una regla no formalmente fundamentada (una *thumb rule*, como le denominan en inglés) pero que apela al sentido común, se ha sugerido por Freeman (1987): el número de sujetos para poder usar la RL sin problemas debe ser superior a $10 \times (k + 1)$ donde k es el número de covariables[30].

Perduzzi y cols. (1996) han sugerido asimismo que si una variable dicotómica (en especial si es la de respuesta) no tiene al menos 10 casos con cada uno de sus dos valores posibles, entonces las estimaciones no son confiables. Esto se vincula con el tamaño de muestra, ya que si la prevalencia de la situación $Y = 1$ fuera muy baja (o muy alta, en cuyo caso sería muy baja la de $Y = 0$), será necesaria una muestra grande para conseguir tener ese mínimo de elementos con cada uno de los valores.

Por otra parte, el tamaño de muestra necesaria no es un problema completamente específico de la RL sino más bien inherente al tipo de estudio que se realiza. Por ejemplo, existen desarrollos teóricos sobre el tamaño necesario para los estudios de casos y controles, tal y como los que se incluyen en un capítulo al efecto contenido en Schlesselman (1982). Existe sin embargo una referencia específica sobre este tema: el trabajo de Hsieh (1989). Allí se ofrecen fórmulas y tablas especialmente diseñadas para la aplicación de la RL.

En una revisión reciente, Ortega y Cayuela (2002) exponen los tipos de errores que pueden cometerse a la hora de la modelación.

- *Error de tipo I*: tiene lugar cuando se "sobreoptimiza" o se "sobreajusta" un modelo. Este ocurre cuando se seleccionan muchas variables para el modelo final.
- *Error de tipo II*: se produce cuando se "infraoptimiza" o se ajusta un modelo final por debajo del nivel deseado al no incluirse las variables relevantes.

---

[30] O sea, 10 veces el número de parámetros a estimar. Por tanto, si se introducen interacciones o variables *dummy*, el número de elementos de la muestra debe crecer con acuerdo a esa regla.

- *Error tipo III*: se produce al realizar una optimización o "ajuste paradójico" al asignar una dirección incorrecta de asociación a una variable.

Entre las estrategias para evitar estos errores, estos autores mencionan el criterio de Harrell y cols., (1985) de un mínimo de 10 a 20 casos en cada categoría de cada variable (eventos por variable). Perduzzi y cols. (1996) realizaron una simulación Monte Carlo para la medición del efecto del concepto "eventos por variable" en los análisis de datos realizados mediante regresión logística. En este estudio se obtuvo que cuando el número de eventos por variable era menor de 10, los coeficientes de regresión se veían claramente sesgados tanto en sentido positivo como negativo. Además, se observaba un aumento en las asociaciones paradójicas con significación en la dirección errónea (error tipo III).

Irala y cols. (1997) exploraron en ocho paquetes estadísticos (BMDP, EGRET, JMP, SAS, SPSS, STATA, STATISTIX y SYSTAT) la situación cuando se crean variables *dummy* con frecuencia igual a cero en una de sus celdas. En todos se llegaba a resultados incongruentes que no deberían ser difundidos.

En cualquier caso, este tema es especialmente polémico. En Silva (1993) se planteaba:

"a nuestro juicio, algunas zonas de la estadística en general están afectadas por una especie de "discurso estadístico oficial", un tipo de censura que silencia algunos problemas reales y los suple con formulaciones académicas de escasa o nula aplicabilidad, y que tal circunstancia se presenta con especial fuerza en el dominio de los tamaños muestrales".

Entre otras, las siguientes realidades suelen omitirse cuando se aborda el tema:

a) la subjetividad reina inevitablemente en la determinación de los datos a usar dentro de las fórmulas; el establecimiento de todos los datos que ellas demandan tienen algún grado de voluntarismo implícito;
b) usualmente se quieren realizar –y de hecho se realizan– varias pruebas de hipótesis en el contexto de un mismo estudio, pero la fórmula para cómputo de tamaño muestral se aplica para una de ellas solamente;

c) con frecuencia, luego de calcular el tamaño necesario para la muestra de la población completa, se hacen estimaciones y pruebas para subconjuntos de ella (por ejemplo, la post-estratificación);
d) el costo de los procesos puede ser mucho más determinante que cualquier consideración teórica;
e) los diseños muestrales son casi siempre totalmente diferentes al muestreo simple aleatorio, que es el que suele asumirse como válido para desarrollar las fórmulas en cuestión.

Al prescindir de estas realidades, muchos textos y no pocos profesores propician que se consolide en estudiantes e investigadores la convicción de que, para cada problema, existe un número único, independiente del enfoque personal, la intuición, la experiencia o el sentido común del investigador. Un número que puede determinarse técnicamente por aquellos "elegidos", capaces de desentrañar complejas formulaciones. Y eso es simplemente falso.

Por otra parte, en lo que concierne al número de variables independientes, la inclusión de un gran número de ellas en el modelo (por ejemplo, $k > 15$) resulta bastante absurda, sea cual sea el propósito con que se use la RL; ello no suele ser consecuencia de que se conocen muchas variables relevantes al problema y de que se está intentando sacar partido a tal erudición sino más bien de todo lo contrario: que el desconcierto es acusado o que la reflexión crítica sobre el asunto es insuficiente.

ANEXO

Deducción del intervalo de confianza para una probabilidad puntual obtenida mediante regresión logística

Consideremos la función logística multivariada con parámetros $\beta_0, \beta_1, \cdots, \beta_k$: $p(t) = \left[1 + e^{\mu(t)}\right]^{-1}$ donde $\mu(t) = -\beta_0 - \sum_{i=1}^{k} t_i \beta_i$; $t = (t_1, t_2, \cdots, t_k)$

Supongamos que $(\beta_0^*, \beta_1^*, \cdots, \beta_k^*)$ es el estimador máximo verosímil de $(\beta_0, \beta_1, \cdots, \beta_k)$ basado en una muestra aleatoria de tamaño suficientemente grande como para admitir que dicho vector de estimaciones sigue una distribución normal multivariada.

Se cumple entonces que, asintóticamente, para todo vector t fijo, la variable aleatoria $\mu^*(t) = -\beta_0^* - \sum_{i=1}^{k} t_i \beta_i^*$ tiene distribución normal con media $m^*(t)$ y varianza igual a:

$$\sigma^2(t) = \mathrm{Var}(\beta_0^*) + \sum_{i=1}^{k} t_i^2 \mathrm{Var}(\beta_i^*) + 2\sum_{i=1}^{k} t_i \mathrm{Cov}(\beta_0^*, \beta_i^*) + 2 \sum_{1 \le i < j} t_i t_j \mathrm{Cov}(\beta_i^*, \beta_j^*)$$

así como que

$$s^2(t) = \hat{\mathrm{V}}\mathrm{ar}(\beta_0^*) + \sum_{i=1}^{k} t_i^2 \hat{\mathrm{V}}\mathrm{ar}(\beta_i^*) + 2\sum_{i=1}^{k} t_i \hat{\mathrm{C}}\mathrm{ov}(\beta_0^*, \beta_i^*) + 2 \sum_{1 \le i < j} t_i t_j \hat{\mathrm{C}}\mathrm{ov}(\beta_i^*, \beta_j^*)$$

es un estimador insesgado de σ^2.

Teniendo ahora en cuenta la expresión del intervalo de confianza para la media de la distribución normal:

$$\Pr\left[\mu^*(t) - Z_\alpha s(t) \le \mu(t) \le \mu^*(t) + Z_\alpha s(t)\right] = 1 - \alpha$$

donde α es un número tal que $0 < \alpha < 1$ y Z_α es el percentil $\left(1 - \frac{\alpha}{2}\right)$ de la distribución t de Student con n-1 grados de libertad, se deduce que:

$$\Pr\left[e^{\mu^*(t) + Z_\alpha s(t)} \le e^{\mu(t)} \le e^{\mu^*(t) - Z_\alpha s(t)}\right] = 1 - \alpha$$

y, finalmente, que:

$$\Pr\left[\frac{1}{e^{\mu^*(t) + Z_\alpha s(t)}} \le p(t) \le \frac{1}{1 + e^{\mu^*(t) - Z_\alpha s(t)}}\right] = 1 - \alpha$$

BIBLIOGRAFÍA

ALTMAN, D. G.; GORE, S. M.; GARDNER, M. J. y POCOCK, S. J. (1983): "Statistical guidelines for contributors to medical journals British", *Medical Journal,* 292, 810-812.

AMADOR, M.; SILVA, L. C.; URIBURI, G. y VALDÉS, F. (1992): "Caracterización de la lactancia materna en Cuba", *Food and Nutrition Bulletin,* 14, 101-107.

ARMSTRONG, B. G. y SLOAN, M. (1989): "Ordinal regression models for epidemiologist data", *American Journal of Epidemiology,* 129, 191-204.

ASHBY, D.; WEST, C. R. y AMES, D. (1979): "The ordered logistic regression model in psychiatry: rising prevalence of dementia in old peoples homes", *Statistics in Medicine,* 8, 1317-1326.

BARROSO I. M.; CAÑIZARES, M. y LERA, L. (2002): "Influencia de la estructura de los datos en la selección de los métodos de análisis estadísticos". *Revista Española de Salud Pública,* 76, 95-103.

BONEAU, C. A. (1961): "A note on measurement scales and statistical test". *American Psychologist,* 16, 260-261.

BRAZY, J. E.; ECKERMAN, C.O.; OEHLER, J. M.; GOLDSTEIN, R. F. y O'RAND, A. M. (1991): "Nursery Neurobiologic Risk Score: important factor in predicting outcome in very low birth weight infants", *Journal of Paediatrics,* 118, 783-792.

BRESLOW, N. E. (1982): "Covariance adjustment of relative-risk estimates in matched studies", *Biometrics,* 38, 661-672.

CHAMBLESS, L. E.; DOBSON, A.; PATTERSON, C.C. y RAINES, B. (1991): "On the use of a logistic risk score in predicting risk of coronary heart disease", *Statistics in Medicine,* 9, 385-396.

CHATTERJEE, S.; HADI, A.S. y PRICE, B. (2000): "Regression analysis by example", New York, Wiley.

CORNFIELD, J.; GORDON, T. y SMITH, W. N. (1961): "Quantal response curves for experimentally uncontroled variables", *Bulletin of the International Statistical Institute,* 38, 97-115.

DE IRALA, J.; FERNÁNDEZ-CREHUET, N. R. y SERRANO, C. A. (1997): "Intervalos de confianza anormalmente amplios en regresión logística: interpretación de resultados de programas estadísticos", *Revista Panamericana de Salud Pública,* 28, 235-243.

DE IRALA, J.; MARTÍNEZ, M. A. y GUILLÉN, F. (2001): "¿Qué es una variable de confusión?", *Medicina Clínica* (Barcelona), 117, 377-385.

DE IRALA, J.; MARTÍNEZ, M. A. y GUILLÉN, F. (2001): "¿Qué es una variable modificadora del efecto?", *Medicina Clínica* (Barcelona), 117, 297-302.

DRAPER, N. y SMITH, H. (1981): "Applied regression analysis" (2nd ed.), New York, Wiley and Sons.

FIENBERG, S. y MASON, W. (1979): "Identification and estimation of age, period and cohort models in the analysis of discrete archival data", *Sociological Methodology*, 1-67.

FLEISS, J. (1982): "Statistical methods for rates and proportions", John Wiley and Sons (2nd Ed.), New York.

FREEMAN, D. H. (1987): "Applied categorical data análisis", Marcel Dekker, New York.

GAITO, J. (1960): "Scale classification and statistics", *Psichological Review*, 67, 277-278.

GAITO, J. (1980): "Measurement scales and statistics: resurgence of an old misconception", *Psichological Bulletin*, 87, 564-567.

GAITO, J. (1986): "Some issues in the measurement statistics controversy", *Canadian Psychology*, 27, 63-68.

GAITO, J. y YOKUBYNAS, R. (1984): "An empirical basis for the statement that measurement scaleproperties (and meaning) are irrelevant in statistical analysis", *Bulletin of the Psychonomics Society*, 24, 449-450.

GAY, J.; PORRATA, C.; HERNÁNDEZ, M.; CLÚA, A. M.; ARGÜELLES, J. M.; CABRERA, A. y SILVA, L. C. (1994): "Factores dietéticos de la neuritis epidémica en la Isla de la Juventud, Cuba", *Boletín de la Oficina Panamericana de la Salud*, 117, 389-399.

GRENLAND, S. (1994): "Alternative models for ordinal logistic regression", *Statistics in Medicine*, 13, 1665-1677.

HAIR, J. F.; ANDERSON, R. E.; TATHAM, R. L. y BLACK, W. C. (1999): "Análisis multivariante" (5ª ed.), Prentice Hall Iberia, Madrid.

HARRELL, F.; LEE, K. L.; MATCHAR, D.B. y REICHER, T. A. (1985): "Regression models for prognostic prediction: Advantages, problems and suggested solutions", *Cancer treatment reports*, 69, 1071-7.

HASTIE, T. J.; BOTHA, J. L. y SCHNITZLER, C. M. (1989): "Regression with ordered categorical response", *Statistics in Medicine*, 8, 785-794.

HOSMER, D. W. y LEMESHOW, S. (1989): *Applied logistic regression*, New York, John Wiley and Sons.

HOSMER, D.W.; TABER, S. y LEMESHOW, S. (1991): "The importance of assessing the fit of logistic regression models: a case study", *American Journal of Public Health*, 81, 1630-1635.

HSIEH, F. Y. (1989): "Sample size tables for logistic regression", *Statistics in Medicine*, 8, 795-802.

JONES, R. H. (1975): "Probability estimation using a multinomial logistic function", *Journal of Statistical and Computer Simulation*, 3, 315-329.

KATZ, M. H. (1999): "Multivariable analysis: a practical guide for clinicians", Cambridge, United Kingdom, 55-59.

KHAN, H. A. y SEMPOS C. T. (1989): "Statistical Methods in Epidemiology", Oxford University Press, New York.

KIENHORST, C. W.; DE WILDE, E. J.; DIEKSTRA, R.F. y WOLTERS, W. H. (1991): "Construction of an index for predicting suicide attempts in depressed adolescents", *British Journal of Psychiatry*, 159, 676-82.

KLEINBAUM, D. G.; KUPPER, L. L.; MULLER, K.E. y NIZAM, A. (1998): "Applied regression analysis and other multivariable methods", 3rd ed., Duxbury Press, United States of America.

LEVY, P. S. y STOLTE, K. (2000): "Statistical methods in public health and epidemiology: a look at the recent past and projections for the next decade", *Statistical Methods in Medical Research,* 9, 41-55.

LITTLE, R. J. A. y RUBIN, D. A. (1987): "Statistical analysis with missing data", New York, John Wiley and Sons.

LORD, F. M. (1953): "On the statistical treatment of football numbers", *American Psychologist,* 8, 750-751.

MARTÍN, J. M. (1990): "Oportunidad relativa: reflexiones en torno a la traducción del término 'odds ratio'", *Gaceta Sanitaria,* 16, 37.

MC CULLAGH, P. (1980): "Regression models for ordinal data", *Journal of the Royal Statistical Society,* Series B 42, 109-142.

MC CULLAGH, P., NELDER, J. A. (1989): *Generaliser Linear Models.* Second Edition, Chapman and Hall, London.

MCGEE, D. L.; REED, D. y YANO K (1984): "The results of logistic analyses when the variables are highly correlated", *American Journal of Epidemiology,* 37, 713-719.

MITTLBÖCK, M. y SCHEMPER, M. (1996): "Explained variation for logistic regression", *Statistics in Medicine,* 15, 1987-1997.

MOSES, L. E.; EMERSON, J. D. y HOSSEINI, H. (1984): "Analyzing data from ordered categories", *New England Journal of Medicine,* 311, 442-448.

NICKERSON, R. S. (2000): "Null hypothesis significance testing: a review of an old and continuing controversy", *Psychological Methods,* 5(2), 247-301.

NORELL, S. E. (1995): "Workbook of Epidemiology", Nueva York, Oxford University Press.

ORTEGA, C. M. y CAYUELA, D. A. (2002): "Regresión logística no condicionada y tamaño de muestra: una revisión bibliográfica", *Revista Española de Salud Pública,* 76, 85-93.

PARASCANDOLA, M. y WEES, D. L. (2001): "Causation in epidemiology", *Journal of Epidemiology Community Health,* 55, 905-912.

PERDUZZI, P.; CONCATO, J.; KEMPER, E.; HOLFORD, T. R. y FEISTEIN, A. R. (1996): "A simulation study of the number of events per variable in logistic regression analysis", *Journal of Clinical Epidemiology,* 49, 1373-9.

PETERSON, B. y HARREL, F. E. (1990): "Partial proportional odds models for ordinal response variables", *Applied Statistics,* 39, 205-217.

PHIBBS, C. S.; BRONSTEIN, J. M.; BUSTON, W. y PHIBBS, R. H. (1996): "The effects of patient volume and level of care at the hospital of birth on neonatal mortality", *JAMA,* 276,1054-9.

PORTA, M. (1993): "Traducir o no traducir: ¿es esa la cuestión?", *Gaceta Sanitaria,* 16, 38-39.

PREGIBON, D. (1981): "Logistic regression diagnostics", *Annals of Statisitics,* 9, 704-724.

PREISSER, J.S. y KOCH, G. G. (1997): "Categorical data analysis in public health", *Annual Reviews in Public Health,* 18, 51-82.

Rigau, J. G. (1990): "Traducción del término 'odds ratio'", *Gaceta Sanitaria,* 16, 35.

ROTHMAN, K. J. (2002): "Epidemiology. An introduction", United States of America, Oxford University.

ROTHMAN, K. y GREENLAND, S. (1998): "Modern epidemiology", Washington, Lippincott-Raven.

SÁNCHEZ, E. (2000): "Regresión Logística en Salud pública", Escuela Andaluza de Salud Pública, España.

SCHLESSELMANN, J. J. (1982): "Case-Control studies", Oxford University Press, New York.

SCHOENFELD, D. A. (1982): "Analysis of categorial data: logistic model". En *Statistics in Medical Research,* Mike V and Staley KE Eds., Capítulo 14, 433-454, Wiley, New York.

SEIGEL, D. G. y GREENHOUSE, S. W. (1973): "Multiple relative risk functions in case-control studies", *American Journal of Epidemiology,* 97, 324-331.

SHAPER, A. G.; POCOCK, S. J.; PHILLIPS, A. N. y WALKER, M. (1987): "A scoring system to identify men at high risk of heart attack", *Health Trends,* 19, 37-39.

SIEGEL, S. (1956): "Nonparametric statistic for the behavioral sciences", McGraw Hill, New York.

SILVA, L. C. (1993): "Muestreo para la investigación en ciencias de la salud", Madrid, Díaz de Santos.

SILVA, L. C. (1994): "Excursión a la regresión logística en ciencias de la salud", Madrid, Díaz de Santos.

SILVA, L. C. (1997): "Cultura estadística e investigación científica en el campo de la salud", Madrid, Díaz de Santos.

SILVA, L. C. (2000): "Diseño razonado de muestras y captación de datos para la investigación sanitaria", Madrid, Díaz de Santos.

SILVA, L.C. y BARROSO, I. M. (2001): "Selección algorítmica de modelos en las aplicaciones biomédicas de la regresión múltiple", *Medicina Clínica* (Barcelona), 116, 741-745.

SILVA, L. C. y BENAVIDES, A. (1999): "Causalidad e inobservancia de la premisa de precedencia temporal en la investigación biomédica", *Revista Methodologica,* 7, 1-11 (Bélgica).

SILVA, L. C. y MACHÍN, J. (1989): "Indicadores para evaluar el tiempo de estadía hospitalaria ajustadas según el estado de los pacientes al ingreso", *Revista Cubana de Salud Pública,* 15, 65-78.

SILVA, L.C.; PÉREZ, C. y CUELLAR, I. (1995): "Uso de métodos estadísticos en dos revistas médicas con alto factor de impacto", *Gaceta Sanitaria,* 9, 189-195.

SILVA, L.C. y SOLER, S. (1996): "Intervalos de confianza para indicadores de lactancia materna basados en los parámetros de la regresion logística", *Cuadernos de Bioestadística y sus aplicaciones informáticas,* 14, 47-61.

STEVENS, S. S. (1951): "Mathematics, measurement and psychophysics", en *Handbook of Experimental Psychology,* Wiley, New York.

STREINER, D. L. y NORMAN, G. R. (1989): "Health Measurements Scales. A practical guide to their development and use", Oxford University Press, Oxford.

TAPIA, J. A. y NIETO, F. J. (1993): "Razón de posibilidades: una propuesta de traducción de la expresión odds ratio", *Salud Pública de México,* 35, 419-424.

TAPIA-GRANADOS, J. A. (1997): "Posibilidades, oportunidades, momios: un comentario sobre la traducción del término *odds*", *Salud Pública Mexicana,* 39, 69-71.

TOWNSEND, J. T. y ASHBY, F. E. (1984): "Health measurement scales. A practical guide to their development and use", *Oxford University,* 96, 394-401.

TRUETT, J.; CORNFIELD, D. J. y KANNEL, W. (1967): "A multivariate analysis of the risk of coronary heart", *Journal of Chronic Disease,* 20, 511-524.

TSIATIS, A. A. (1980): "A note on a goodness-of-fit test for the logistic regression model", *Biometrika,* 67, 250-251.

TWAITE, J. A. y MONROE, J. A. (1979): "Introductory statistics", *Glenview,* 111 Scott, Foresman.

WALKER, S. H. y DUNCAN, D. B. (1967): "Estimation of the probability of an event as a function of several independent variables", *Biometrika,* S4, 167-179.

CUADERNOS DE ESTADÍSTICA

Dirección: Ramón Ardanuy Albajar
Juan Etxeberria Murgiondo
Gregorio Rodríguez Gómez
Francisco J. Tejedor Tejedor

Títulos publicados:

1. R. Martínez Arias: *El análisis multivariante en la investigación científica.*
2. M. Escobar: *Análisis gráfico/exploratorio.*
3. F. J. Tejedor: *Análisis de varianza.*
4. J. Etxeberria: *Regresión múltiple.*
5. L. Joaristi y L. Lizasoain: *Análisis de correspondencias.*
6. J. M. Batista y G. Coenders: *Modelos de ecuaciones estructurales.*
7. E. García Jiménez, J. Gil Flores y G. Rodríguez Gómez: *Análisis factorial.*
8. M. C. Ximénez y R. San Martín: *Análisis de varianza con medidas repetidas.*
9. M. J. Valderrama, A. M. Aguilera, F. A. Ocaña: *Predicción dinámica mediante análisis de datos funcionales.*
10. E. García Jiménez, J. Gil Flores y G. Rodríguez Gómez: *Análisis factorial.*
11. C. Rodríguez Morilla: *Análisis de series temporales.*
12. J. Gil, E. García Jiménez y G. Rodríguez Gómez: *Análisis discriminante.*
13. R. Ardanuy y F. J. Tejedor: *Tablas estadísticas.*
14. J. E. Real Deus: *Escalamiento multidimensional.*
15. A. M. Aguilera: *Tablas de contingencia bidimensionales.*
16. R. Clairin y Ph. Brion: *Manual de muestreo.*
17. A. Hernández Bastida, Mª C. Martel Escobar y F. J. Vázquez Polo: *Métodos estadísticos en auditoría de cuentas.*
18. L. Hernández Encinas: *Técnicas de taxonomía numérica.*
19. Q. Martín Martín: *Contrastes de hipótesis.*
20. F. Javier Díaz-Llanos y Sainz-Calleja: *El análisis de datos en el cierre de ventas.*
21. A. D. Correa Piñero: *Análisis logarítmico lineal.*
22. J. Revuelta y V. Ponsoda: *Simulación de modelos estadísticos en ciencias sociales.*
23. J. Serrano Angulo: *Iniciación a la estadística bayesiana.*
24. F. J. Tejedor: *Aplicaciones diversas del Análisis de varianza.*
25. Mª L. Pérez Delgado, Q. Martín Martín: *Aplicación de las redes neuronales artificiales a la estadística.*
26. P. Morales, B. Urosa y A. Blanco: *Construcción de escalas de actitudes tipo Likert.*
27. L. C. Silva Ayçaguer e I. Mª Barroso Utra: *Regresión logística.*